我发现了奥秘

世界上最最奇趣的昆虫书

[韩]李浩先◎编著

吉林出版集团股份有限公司

图书在版编目(CIP)数据

世界上最最奇趣的昆虫书/(韩)李浩先编著. —长春:
吉林出版集团股份有限公司, 2012.1（2021.6重印）
（我发现了奥秘）
ISBN 978-7-5463-8082-7

Ⅰ.①世… Ⅱ.①李… Ⅲ.①昆虫—儿童读物
Ⅳ.①Q96-49

中国版本图书馆CIP数据核字(2011)第264139号

我发现了奥秘

世界上最最奇趣的昆虫书

SHIJIE SHANG ZUI ZUI QIQU DE KUNCHONGSHU

出版策划：孙　昶

项目统筹：于姝姝

责任编辑：于姝姝

出　　版：吉林出版集团股份有限公司（www.jlpg.cn）
　　　　　（长春市福祉大路 5788 号，邮政编码：130118）

发　　行：吉林出版集团译文图书经营有限公司　（http://shop34896900.taobao.com）

总 编 办：0431-81629909

营 销 部：0431-81629880/81629881

印　　刷：三河市燕春印务有限公司（电话：15350686777）

开　　本：889mm×1194mm　1/16

印　　张：9

版　　次：2012年1月第1版

印　　次：2021年6月第7次印刷

定　　价：38.00元

印装错误请与承印厂联系

写在前面

孩子的脑海里总是会涌现出各种奇怪的想法——为什么雨后会出现彩虹？太阳为什么东升西落？细菌是什么样的？恐龙怎么生活啊？为什么叫海市蜃楼呢？金字塔是金子做成的吗？灯是什么时候发明的？人进入太空为什么飘来飘去不落地呢？……他们对各种事物都充满了好奇，似乎想找到每一种现象产生的原因，有时候父母也会被问得哑口无言，满面愁容，感到力不从心。别急，《我发现了奥秘》这套丛书有孩子最想知道的无数个为什么、最想了解的现象、最感兴趣的话题。孩子自己就可以轻轻松松地阅读并学到知识，解答所有问题。

《我发现了奥秘》是一套涵盖宇宙、人体、生物、物理、数学、化学、地理、太空、海洋等各个知识领域的书系，绝对是一场空前的科普盛宴。它通过浅显易懂的语言，搞笑、幽默、夸张的漫画，突破常规的知识点，给孩子提供了一个广阔的阅读空间和想象空间。丛书中的精彩内容不仅能培养孩子的阅读兴趣，还能激发他们发现新事物的能力，读罢大呼"原来如此"，竖起大拇哥啧啧称奇！相信这套丛书一定会让孩子喜欢、令父母满意。

还在等什么？让我们现在就出发，一起去发现科学的奥秘！

目 录

夜里太黑，
打着灯笼吧！——萤火虫

当夜晚来临的时候，整个城市就会被无数灯光装点得如童话世界般闪耀，人类的夜晚因有了灯光的存在而变得不再落寞，不过生活在郊外草丛中的小虫虫们也不甘落后，它们虽然不会利用电，更不会发明灯，但是在它们当中，有一群生来就打着小灯笼的伙伴，因为它们的到来，让本来黑漆漆的草丛有了光亮，它们是谁呢？一起来草丛看个究竟吧！

6

萤火虫的小天地

　　宁静的夏夜，时常会看到点点绿色闪着光飞在半空中，它们就像逃跑的流星在河边、田野间穿梭往来，让夜晚更添了一份温馨，它们就是打着灯笼飞行的萤火虫。目前在全世界范围内人类已知的萤火虫有2 000种左右，在中国生活的大概有54种。萤火虫的身体长长的，扁扁的，有一对柔软的鞘翅，前胸背板强悍得盖住了它们的头。额头上两个长长的带有锯齿状的触角各分为11节，长在半圆形的眼睛中间。因为它们能为伙伴们提灯引路，在草丛中、夜空下，萤火虫们就像闪亮的小明星一样，被小伙伴们追随和喜爱着。

神秘的小灯笼

原来在萤火虫的腹部有个神秘的发光器，这就是它们不用电也能发光的秘密武器。这个神秘的发光器是由成千上万个发光细胞组成的，光源来自荧光素和荧光酶这两个"同胞兄妹"，这对"同胞兄妹"能使化学能转变成光能，再通过氧气的加入，萤火虫的小灯笼就被点亮了。如果想让光亮一些，就需要在转变成光能时邀请更多的氧气加入，氧气光临得少，它们就会无精打采，只能发出微弱的光。由于氧气加入量的不确定，所以当我们看到萤火虫时，它们尾巴上的光亮就会一闪一闪的了。

萤火虫的伪装

我们都喜欢小星星，它一闪一闪地挂在空中像是在对我们眨眼睛，但是小星星离我们好远啊！我们只能抬起头望着它们，幻想有一天和它们一起玩耍的情景。也许是我们太喜欢小星星了，所以造物主给了我们萤火虫这样神奇的昆虫。它们就像小星星一样在我们眼前飞来飞去，其实萤火虫不仅会伪装成小星星来陪小朋友玩耍，在中国古代它们还经常帮助贫穷的孩子们学习呢！原来那个时候的人们很穷，生活的艰苦让小朋友没有油灯可以照亮夜晚，所以天一黑爱学习的小朋友就没办法看书了。于是小朋友们想到了好办法，把很多很多的萤火虫放在一个容器里，这样萤火虫的光源被集中在一起，就为发奋夜读的孩子照亮了求知的旅程。这样的伪装事件不只存在于中国，17世纪，西班牙军队在作战时曾经搜集了大批量的萤火虫，用萤火伪装成夜战部队的灯光，给了敌军一个调虎离山之计。在墨西哥，萤火虫还是天然的装饰品，爱美的青年妇女们将它们装在漂亮的小纸袋里，作为头发和衣服的闪亮装饰。谁说伪装都是不好的？只要是善意的也能像萤火虫一样为人们带来帮助和乐趣。

趣味问答

萤火虫的光让人类有了怎样的发现？

科学家发现，普通的白炽灯会产生95%以上的辐射热能，而相比之下萤火虫的光却仅产生10%的辐射热能。这个发现给人类带来了莫大的福音，目前，人类用荧光素和荧光酶人工合成了冷光，在瓦斯易爆的矿井和弹药库这样危险的地方，冷光用于照明给人们带来了方便。由于它不会产生磁场，还被用于清除水雷时的水下照明。

啦啦啦，我是田园
歌唱家——蟋蟀

啦啦啦，啦啦啦，我是快乐的歌唱家！小朋友们快听，在草丛中有个小小的歌唱家又在开演唱会了，它总是动情地唱着歌，但是它们这么投入的歌唱会有自己的"粉丝"吗？据说它们拥有独特的唱功，别人都是用嗓子唱歌，可是没有声带的它们却依然拥有美丽的声音，这是真的吗？它们是谁呢？这么多的问题，我们一看便知。

强壮的小不点儿！

草丛中生活着一个小不点儿，它只有15至40毫米大，可是身体却显得很强壮，总是穿着褐色的衣服，像是梳着两个小辫子一样的触角比它们的身体都要长。它们当中的男孩子都很淘气，是爱打架爱叫的坏孩子，但是女孩子却温顺安静，总是默不作声地待在一边。它们是谁呢？原来是俗称蛐蛐的蟋蟀啊！蟋蟀的性格很孤僻，它们通常在阴凉和食物多的地方

生活，每当夜晚来临时，这些小蟋蟀就会利用它们强壮的后腿，蹦蹦跳跳地出来寻找食物。

最爱打架的坏孩子！

蟋蟀可是人类很早就认识的昆虫之一了，在人类的历史长河中，早已有将蟋蟀当成宠物饲养的娱乐活动了。在古代经常能够看到很多人围在一个地方观看斗蟋蟀，一个小瓷碗里放着两只看起来很凶悍的蟋蟀，不一会儿它们就会打成一团，

非要分个你死我活不行。然后获胜的小蟋蟀的主人就会非常开心！目前我们发现的蟋蟀种类有3000种，而中国有50多种，它们属于鸣虫类，在常见的30多种鸣虫中，蟋蟀好斗的坏毛病至今仍然名列前茅，因此被大家誉为"天下第一斗虫"。

太神奇了！不用嗓子也能唱歌吗？

小朋友小的时候喜欢在睡觉时听妈妈哼唱，但是在古代，人们却常把蟋蟀的叫声当作哄孩子睡觉的法宝！他们把蟋蟀捉回来放在笼子里面，睡觉的时候蟋蟀就在枕头边用清脆悦耳的声音低唱着。

但是小朋友们知道这些动听的歌声是从哪里发出来的吗？告诉你们吧，蟋蟀可是个专业的歌手哦！因为在它们的背上背着一个发音器，它其实是个半圆形、半透明的坚硬薄膜。每当蟋蟀振动翅膀时体内的气流就会从这个发音器中流出，形成动听的声音。而且蟋蟀还能随自己情绪的变化而变化声音呢！这样一首富有感情的抒情音乐就被蟋蟀演绎出来了！

蟋蟀是个爱干净的小孩儿吗？

自然界的所有生命都是会生病的，蟋蟀当然也会了！如果小朋友的家里也有只蟋蟀宝宝，那小朋友可就要小心照顾它们了，它们可是很爱干净的哦！如果你偷懒没有每天给它们冲洗饲养盆，不能保证它们所处的环境有清新干净的空气，它们就会心烦气躁，不停地梳理着长须，气急败坏地蹬着腿，这个时候你就要及时关注它们了，因为它们正在向你抗议呢：赶快给我打扫房间，我要洗澡，我要呼吸新鲜的空气……

蟋蟀也有"粉丝"吗？

每当蟋蟀在草丛中低吟时，人们就会猜想它变化的声音究竟是在表达什么呢？但是这至今仍是人们正在研究的一个课题。人们很惊奇地发现，每当雄蟋蟀振动着翅膀投入地唱歌的时候，雌蟋蟀就会成群结队地循声而来，就像是雄蟋蟀忠实的粉丝一样，也许是因为雌蟋蟀不会唱歌，所以才崇拜雄蟋蟀的声音，但这些还需要进一步研究。

漂亮的"花大姐"
——七星瓢虫

今天是个好天气，吃饱吃好出去走走，天敌勿扰，小心我有法宝！哇！这只虫虫看起来很不简单呢！它们

是谁？在面对敌人来袭的时候它们又会用什么办法让自己脱离险境呢？它说的法宝是什么样子的，我好想看看啊！那还等什么，我们快去找找它吧！

哇！这个姐姐好漂亮啊！

在草丛中生活着这样一种小虫子，它们总是穿着颜色亮丽的衣服，这种小虫就是七星瓢虫，又被称作"花大姐"。花大姐也是我们最早认识的昆虫之一呢！这个家族的阵容非常强大，全世界已知的大概有5000种，其中在中国定居的有400种。这么多的瓢虫里有益虫也有害虫，还有一种特别的马铃薯瓢虫，它们之间有一个奇怪的现象，就是这三者之间谁也不与谁往来，更不可能通婚，所以漂亮的"混血儿"在它们的世界里是不可能被找到的。这是不是很有意思呢？

花大姐勇闯五指山

你可不要因为瓢虫是个小个子就轻视它哦，它在虫虫们的世界里可算是胆子非常大的勇敢者呢！如果小朋友有幸发现了一只七星瓢虫，凑近它你会发现它根本就没有躲避你的意思，而是从容地在你面前爬过，如果你伸给它一根手指，它还会顺着手指往上爬，在你的手心里游逛一番，当它们想要离开时，会走到手掌边缘，慵懒地打开背上的硬壳，展开薄薄的后翅，然后像乘坐降落伞一样离开你的手掌心。

七星瓢虫为什么要装死？

呀！七星瓢虫死了吗？怎么一动不动呢？别急啊！你看，原来它们是在装死呢！每当七星瓢虫遇到天敌来侵扰它们的生活或是突然受到外界的惊吓后，它们就会处于神经休克的状态，像是失去了知觉一样一动不动的，这个时候它们的天敌真的就会被骗呢！看到自己好不容易发现的漂亮食物就这样死去，再也没有吃下去的胃口了，于是只得失落地飞走了。可过不了多久，七星瓢虫的神经又恢复正常了，看看四周没有异常，它们就悠闲地去寻找自己的美食了！

它们还有什么本领呢？

其实七星瓢虫也可谓是个防卫专家呢！它们不仅会用装死的办法来躲避敌人，同时还会向敌人发起攻击哦！它们对抗敌人的这个武器就藏在它们

3对脚的关节里，一旦有天敌出现，行动慢吞吞的七星瓢虫跑是来不及了，于是藏在关节里的武器就会渗出一滴滴的黄色汁液来，这些汁液的威力就在于，它们会散发出一股辣臭的味道。如果小朋友闻到这种味道一定会很不喜欢地赶快离开，不仅是我们不喜欢哦！就连最爱吃七星瓢虫的小鸟闻到了，也会掉头就跑的，它们宁愿丢掉一个食物也不愿意多闻这个味道一秒！这样七星瓢虫就会为自己的胜利偷笑了！

趣味问答

七星瓢虫为什么又叫"麦大夫"？

这个"麦大夫"可是大有来头呢！别看这只七星瓢虫的个子不高，它们的饭量可大得很呢！平均一只七星瓢虫每天就能吃掉130多只蚜虫，而蚜虫又是树木、瓜果和其他各种农作物的克星哦！这样有七星瓢虫在，农作物就大大减少了被蚜虫的侵害，以免得病，所以七星瓢虫又被我们称作"麦大夫"。

力大如牛的
虫虫——天牛

说它是牛却不是牛，体型虽小，可力大无穷。别看它小，却能把树木啃咬。小朋友们一定要小心它的牙齿，若被它咬到那可不得了。它们是谁呢？在哪儿能找到它们？它们又能给小朋友带来哪些乐趣呢？这个有意思的坏家伙，我们现在就来抓你啦！

这只虫虫有"特长"

如果我们可以和这只虫虫交流的话，它一定会骄傲地告诉你它的"特长"，那就是长在它们头上的触角最长！这只长了长长触角的虫虫叫作天牛，它们还有另外的一个名字听起来很厉害，叫作长角甲虫。天牛最大的特点就是那对长长的触角了，在中国生活着一种长角灰天牛，它们的触角长度是自己身体的4至5倍呢！

天牛宝宝出生在什么地方?

天牛最最厉害的要数那张锋利的嘴巴啦!它们到了产卵期会找到一棵自己满意的大树,然后张开自己厉害的嘴巴毫不客气地把树皮咬破,不一会儿,天牛妈妈就把宝宝的出生地建好了,然后把产卵管插到树洞里产下卵来。而这些刚出生的小天牛可是非常神奇呢!竟然从一出生就知道自己拥有一张厉害的嘴巴,它们会用上颚啃食树干,然后一点儿一点儿地侵蚀着树木的健康。看,这就是所谓的遗传啊!

这些坏坏的小天牛！

这些坏坏的小天牛被妈妈产在树洞里后，就要开始自己独立的生活了。它们能利用先天的本领藏在树洞里生活，并且一待就是一两年。这下可苦了这些大树了，原本强健的体魄被这些坏家伙在身体里四处打洞造隧道。它们还会在树皮上啃出小口把排泄物和木屑推出去，同时让这里充满氧气。就这样，一直不停地啃食，直到树木逐渐枯萎甚至死去，所以这些坏坏的天牛们可是大树的天敌呢！

天牛有没有克星呢？

整个自然界就是一个大大的食物链，所以每个小生命都会有它的克星。这些坏坏的天牛当然也逃脱不了，它们的克星就是以"寄生"方式存活的马尾蜂。当马尾蜂到了产卵期时，它们就会借助天牛妈妈咬出的树洞把自己的卵也产在里面，这样小马尾蜂就会和小天牛会面了。它们天天生活在一起却不会变成好朋友，因为天牛可是马尾蜂最

好的营养品了！小马尾蜂刚一出生，就会把小天牛身上的营养吸干，这些小天牛就会夭折在树洞里，再也不能去残害大树了。

哈！原来天牛这么好玩儿！

在民间流传着很多关于天牛的玩法，比如天牛赛跑、天牛拉车、天牛钓鱼等。其中这个天牛钓鱼的游戏，就是在一个放了水的小盆里，拿一片叶子穿个洞系上线，然后再把线的另一头系在天牛的触角上，让天牛站在一个小木条上，天牛一看四周都是水就会紧张得不断舞动着触角，系在另一边的叶子也会随着一动一动的，像是钓鱼一样，最后看哪方的叶子先出水哪方就是胜者。

天牛为什么叫"锯树郎"？

天牛有着庞大的种族，世界上已知的就有25 000多种，生活在中国的有2 200种。每当你静静地站在树林中，听到"咔嚓、咔嚓"的声音时，就是那些坏坏的天牛又在残害树木了。因为这种声音很像人们在锯树木时发出的声音，所以天牛又被称为"锯树郎"。在中国南方还有人叫它们"水牯牛"，而在北方人们喜欢叫它们"春牛儿"。这些有意思的名字都是人们为天牛起的"外号"。

这个家伙爱吃
臭便便——蜣螂

说到美味，我们通常都会想到香甜可口的蛋糕，入口即化的巧克力，香飘万里的烤肉等等，但是有一种虫子却与我们的味觉完全相反，它们最爱吃的竟然是我们最不喜欢的便便，这可真是个怪口味的家伙。它们是谁呢？除了这个怪习性它们还有什么作用呢？好奇之心让我立刻就要去看看它们啦！

这只虫虫的口味很怪哦！

有一种怪虫虫被大家起了个很臭的名字"屎壳郎"，小朋友们知道它是谁了吗？它就是蜣螂。蜣螂在世界上大约有20 000多种，除了南极洲以外都是它们生活的乐土，蜣螂穿着一身坚硬的黑色盔甲，椭圆形的身体又矮又胖。那么小朋友知道人们为什么叫它们"屎壳郎"这么难听的名字吗？告诉你们吧，因为蜣螂最爱吃的东西竟然是臭臭的便便！

"清道夫"带便便回家

因为蜣螂爱吃便便，这虽然让人们感到费解，但还是送给它们一个好听的称号"自然界清道夫"。我们通常会在乡间的土路上看到它们正在奋力地推着便便。蜣螂最高兴的事就

是发现粪便，这时它们就会兴冲冲地爬过去，先用头上的角把粪便堆在一起，再用前脚把粪便拍成球形，这样它们就可以用头把这些臭球球给推走了，有时这个球球能比它们大很多很多呢！为了把它们推回家，蜣螂也吃了不少苦头，尤其遇到坡路的时候，臭球球会不听话地滚下来，这时蜣螂就会想尽一切办法，直到把它们推回家为止。

臭臭的礼物

这些臭球球可是蜣螂送给小宝宝最好的礼物呢！通常雌蜣螂会在产卵前把一个粪球藏起来，它会用土把这个粪球包成梨形，等到产卵的时候，雌蜣螂就会把卵产在梨形便便的颈部。当小蜣螂出生时一睁眼就可以看到妈妈送的这个臭球球，小蜣螂从幼年时就吃着它，直到吃完了，它们也长成成虫了，这个时候它们就会破土而出了。蜣螂的爸爸妈妈是不喜欢一起生活的，但有时也会看到它们一同推动一个大大的粪球回家的温馨场面。

远足的蜣螂你好吗？

　　小朋友们知道吗？早在1982年，澳大利亚就曾跨洋来到中国引进蜣螂。这是为什么呢？原来在澳大利亚生活的蜣螂只吃袋鼠的粪便，但澳大利亚是养牛大国，每天排出的大量牛粪才是他们最头疼的，如果不将它们清理干净，粪便干结在草地上，这片草地就再也不长草了，而且牛粪还会引来大量的苍蝇蚊虫，会把病菌传给人、畜，严重地影响了人类的生活。而蜣螂到了那里后，不仅为澳大利亚解决了麻烦，同时也让蜣螂得到了充足的食物，原来它们也是有用的啊！

趣味问答

蜣螂这么臭会有人吃吗？

　　蜣螂的习性是有点儿让人们难以接受，但正是因为它们的到来解决了澳大利亚的麻烦。这个臭臭的家伙在中国的中药中也是一种药材呢！它还有一个中药名叫蜣螂虫。在中国著名的《本草纲目》中就记载着名医李时珍曾用它来治病。蜣螂其实还有其他几个很好听的名字呢，比如"推车客"、"夜游将军"、"铁甲将军"等等。

潜在水里的
冷酷杀手——龙虱

　　"天空任我翱翔，水底任我捕粮，我的本领强大，看我怎样变化！哈哈……"一只小虫有这么厉害？我可不信，它们是谁？听说它们可是水中的霸王，鱼塘的大害啊！这么猖狂的小家伙究竟长什么样呢？它们有怎样的神通广大，我们快点儿去看看吧！

能上又能下，这个虫虫不简单！

我们通常都会说人要有一技之长，才能立足于社会，但是有一种小虫子，它同时拥有两大本领，像大自然的宠儿一样，不仅能够飞到空中去俯瞰世界，同时还可以潜到水里去捕食小鱼小虾，这让很多虫虫都羡慕不已，这个幸运的虫子叫作龙虱。它们通体黑黑的并且有着闪亮的光泽，背部拱起，呈优美的流线型。目前统计出的数据显示：全世界大约有4 000种它们的同胞，而生活在中国的有200种左右。

自制氧气瓶的本领！

龙虱能潜到水中，但并不是一下就能潜到水底，它会先自制一个氧气瓶，然后带着这个氧气瓶再潜到深水中去。起初它们会停在水面把头朝下，让身体的末端露在水面，过一会儿再把头伸出水面，没多久又潜下水去，这样反复交替数次，犹如我们学游泳时的换气动作。它们先排出自己体内的空气再吸进氧气，渐渐地龙虱的身体末端就会形成一个小泡泡，它闪呀闪的像是在跟龙虱说："你的准备工作做得不错。"这时候龙虱就可以带着"自制的氧气瓶"潜到深水中去了。

龙虱来啦！大家快跑！

　　氧气瓶制作好啦！龙虱别提多高兴了，因为它最爱吃海鲜了，龙虱马上就可以回到另一个属于它的水底世界中去了。这时那个闪亮的小泡泡就会不断地给它提供氧气，它还能把二氧化碳给挤到泡泡外面去，新鲜的氧气也会在这个时候悄悄溜进来，而氧气进入气泡的速度可比二氧化碳扩散的速度快3倍哦！所以气泡中永远有充足的氧气，这样龙虱想在水里游多久就能游多久，小鱼小虾们，我来啦……

咳，我要开吃啦！

　　当龙虱还只是个小孩子的时候，它们就已经有着高超的捕食本领啦！这个时候它们捕食的方法有点儿像蜘蛛，虽然它们没有那张美丽的网，但在它们捕食猎

物时，那对锋利的像钩子般的大颚就是它们最好的武器，在这个武器中藏着一个通往食道的小管，大颚扎住猎物后，这个小管就会从食道中输出一种怪怪的液体，猎物就会被这种液体的毒所麻痹，然后小龙虱就会像蜘蛛一样吐出消化酶，把猎物给液化成肉汁，这样它们就可以把这些肉肉吸到肚子里去了。

趣味问答

龙虱在水底会怕大鱼吗？

龙虱虽然看起来不大，但是它们在捕猎时就会显得十分凶猛，通常一只成虫的咀嚼力会非常强大，因此它们不仅能吃掉鱼卵、小鱼、蝌蚪、小虾这些比它小的猎物，而且它们还能团体配合去挑战比它们大很多的大鱼，一条巴掌大的鱼通常在它们面前就会显得可怜兮兮的，很快就变成它们的战利品了。

不许动！
我要拦路
抢劫——虎甲

在陆地上生活着一种既可爱又漂亮的小虫虫，它们总喜欢拦在我们面前，也许小朋友以为它们是在和你们玩儿呢，可它们却不和你亲近。这只怪怪的虫子还有很多有趣的地方呢！小朋友可以反过来逗逗它们，这时候它们就会上当受骗哦！它们是谁？又会有什么有趣的事情发生呢？我们一看便知！

这只胆大的虫虫是谁呢？

有一种虫虫时常大白天出来拦路，它会飞到我们面前，直直地盯着看。当我们走向它时，它又会头朝着我们低飞着后退，总是神秘地保持着三五米的距离，却一直拦在你面前，这种怪怪的虫虫叫作虎甲，因为它特殊的习性而被人们称作"拦路虎"和"引路虫"。目前虎甲在世界上有2 000种左右，中国有100多种。

你看！虎甲是这样的

虎甲的体型不大，它们的整个身体就像是一个发光的金属壳，长长的身躯总是穿着一件斑斑点点的衣服，看起来很鲜艳。它长着大大的脑袋和突出的复眼，触角长在两眼之间，像小细丝一样，长长的被分成11节。鞘翅很长，可以盖住整个腹部，那6条细长的胸足则会带着它们迅速地跑开。漂亮的虎甲最喜欢在地面上散步。

"骆驼虫"的来历

"骆驼虫"也是虎甲的称号，为什么要这样叫它们呢？那就要小朋友仔细来观察一下它们了，你看，它们的胸部总是弓起来，像个小小的山坡，而腹部又弯成个月弧状，这样的形体让人看起来总会想到沙漠中的骆驼！唯一有点儿特别的，就是在它们的第五腹背面突起的地方，长着一对逆钩，这个逆钩可是很厉害的哦！

虎甲是怎样引诱虫虫上钩的？

总是喜欢生活在洞底的虎甲，肚子也是会饿的，这时它们就会用自己背上的逆钩固定好身体，爬出洞口。虎甲捕食时

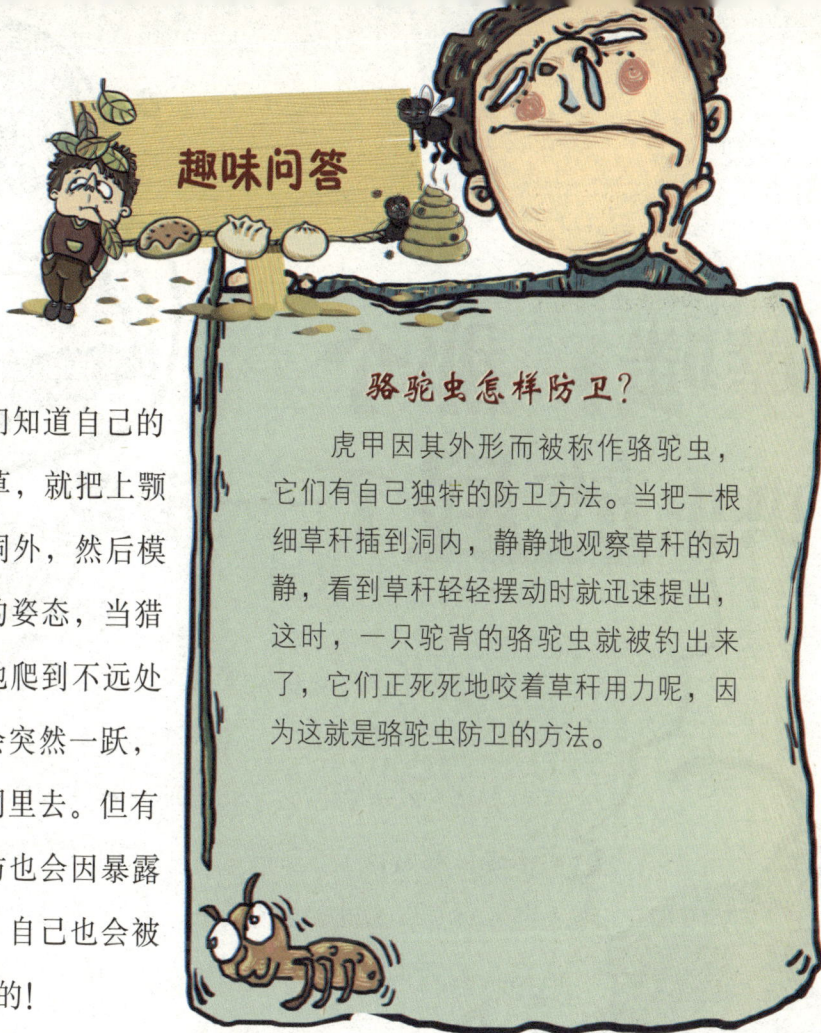

很聪明，它们知道自己的猎物喜欢小草，就把上颚和触角伸出洞外，然后模仿小草晃动的姿态，当猎物毫无防备地爬到不远处时，它们就会突然一跃，将猎物拖到洞里去。但有时它们的模仿也会因暴露而引来天敌，自己也会被当作食物吃掉的！

骆驼虫怎样防卫？

虎甲因其外形而被称作骆驼虫，它们有自己独特的防卫方法。当把一根细草秆插到洞内，静静地观察草秆的动静，看到草秆轻轻摆动时就迅速提出，这时，一只驼背的骆驼虫就被钓出来了，它们正死死地咬着草秆用力呢，因为这就是骆驼虫防卫的方法。

和天敌拔河的虎甲

如果天敌来了，只能等着被吃掉，那怎么行呢！所以虎甲有着自己的一套保卫方法。当它们假装小草不幸引来天敌的攻击时，它们便会弯曲着身体迅速躲进洞里去，可是即便这样有时也会被天敌死死地咬住上颚，这个坏家伙！你不放我也不放，于是虎甲就用腹背上的逆钩死死地钩住洞壁，跟天敌拔起河来，想吃我，你得比我力气大才行！

噗噗！那个虫虫放屁了——椿象

有时在户外或者在家里的阳台上，会看到一种身上花花的虫子飞过来落下，如果你用手去摸它或者去抓它，就会闻到一种很臭的味道，难闻极了。这种会放臭屁的虫子真是惹人讨厌，不过，它可是一种很富有感情的昆虫哦，下面我们就去看看吧。

放屁的虫虫叫什么?

因为它放臭屁的原因,大家都爱叫它"放屁虫",它也因此臭名远扬了。放屁虫的学名叫作"椿象",一般叫它"臭椿象"。臭椿象在昆虫王国里算是一个大家族了,现在全世界已知的种类就有30 000多种,它们一般是在陆地上生活,吃些植物,也有一些生活在水里,还有个别的寄生在动物的身体上。臭椿象的身体是扁平的,有着各种各样的颜色。

它为什么要放屁?

臭椿象放屁是为了保护自己,这可是它的一个特殊的本领。当安全受到威胁的时候,它就会从尾部喷射出一股股青烟,还夹杂着噼啪的声音,散发出难闻的臭气。臭椿象用自身携带的化学武器进行自卫,它的化学武器来自发达的臭腺。在它小的时候,臭腺在肚子上,等到长大了,臭腺就跑到后胸上面。

出生后要碰个面

小臭椿象出生后,并不是像别的昆虫那样马上走开去找吃的,而是在原地等待别的兄弟姐妹的出生,然后大家要见面和团聚。

特别令人惊奇的是，每一个出生的小椿象，都会安静地守候在自己的卵壳旁边，等所有的兄弟姐妹都出来以后，它们相依相伴地环绕着卵壳走上几圈，仿佛要认识一下对方，然后再不舍地离开。

这个椿象妈妈在等什么？

颜色很漂亮的椿象妈妈在产完卵后不会离开，一直待在那儿，它在等什么呢？原来，它是在保护那些小宝宝，防止别的昆虫把它们吃掉，直到所有的卵全部孵化，每个孩子都出来之后，它才会慢慢地离开。

辛苦的椿象爸爸

椿象爸爸特别辛苦，要背着未出生的孩子走来走去，所以它有一个好听的名字——负子椿。负子椿一般生活在水里，吃一些小鱼、小虾和小蝌蚪。在平时，

椿象爸爸会背着椿象妈妈在水里游逛，然后给椿象妈妈找吃的。椿象妈妈在产卵的时候把卵产在椿象爸爸的背上，然后椿象妈妈会在不久后死去，椿象爸爸就要承担起养育孩子的重任，直到小椿象出壳游走，这位伟大的爸爸才松了一口气。

趣味问答

苯二酮

臭椿象的臭气里有什么？

臭椿象因为它的臭气而名扬昆虫世界。科学家经过研究发现，它的臭气主要成分是对苯二酚和过氧化氢。当这些成分在臭椿象的体内经过氧化酶的氧化之后，生成了苯二酮气体排出体外。这个过程其实是非常短暂的。在紧急的情况下，臭椿象会像开炮似的连续"放屁"，不仅能打退敌人，保护自己的安全，而且还是它和同伴们"集合"和"解散"的信号呢。臭椿象的这种"臭屁"防卫功能，算得上昆虫里的高手了。

它是在向我磕头求饶吗?
——叩头虫

每到过年的时候，儿孙要给自家的老人磕头，表示尊重，有时也会得到红包，这是老人对他们的爱和祝福。在广袤的草原上，有一种小虫虫就专门喜欢给别人磕头，但它们可不分过不过节，也不索要红包。那它们为什么有这样的喜好呢? 它们是谁? 走，我们这就去逮一只看看!

这个讨好人的家伙是谁?

　　在我们的生活中，总会有很多喜欢说好听话的人来讨好大家。而在草原上，也生活着一种最会讨好别人的小虫虫。这种小虫虫不会说好听的话，但是它们会一个劲地给你磕头，那一副可怜兮兮的样子足可以让心软的人放它们一条生路了。它们就是叩头虫，俗称磕头虫。

来，让我看看你!

　　通常我们看到的叩头虫体色呈现出乌黑、褐色或是黑色，在它们的身体上布满了细毛或鳞片，极少数叩头虫身上会出现鲜红色，或是金属色，而身上是光亮无毛的。它们的触角有很多不同的形状，有丝状的，还有栉状和锯齿状的，这

43

些触角和大多数昆虫一样，都长在离复眼很近的地方。那小朋友就会问了，为什么它们的触角会不一样呢？这其实和人类很像，它们也有男女差异啊！因雌雄的不同，触角的节数和形状也会不同呢！

它们是怎么逃跑的?

叩头虫可是个躲避危险、穿越障碍的专家哦!当它们遇到危险时,就会立刻仰面朝天地躺在地上,趁别人没有防备的时候,猛然一缩,弹出很远很远,在空中来一个漂亮的前滚翻,就像一个专业的体操健将!这让天敌大开了眼界,待它们还没有品味完,叩头虫早一溜儿烟地逃得无影无踪了!而它们的天敌只能捶胸顿足,看着叩头虫留下的烟雾自己生闷气!

这个虫虫爱"磕头"!

这个世界真是无奇不有,有爱哭的,有爱笑的,还有爱给人拼命磕头的。这个有着奇怪习性的叩头虫,它们怎么能不停地叩头而不累呢?原来在叩头虫的胸部还藏着一个小秘密哦,在它们的前胸上有一个楔形的突起部位,刚好插在中胸腹面的一个小凹槽里,它们的结合就像为叩头虫安装了一个弹力机关一样。当肌肉一收缩,前胸就会有力地收拢,这样,它们就自然地向下撞击,然后借助地面的力量,再反弹回来,就像跑步一样,需要地面带来作用力!

45

叩头虫给你拜年啦！

　　叩头虫是个很有趣的小虫虫，如果将它捏在手中，为了保命任谁都会条件反射地拼命挣扎，叩头虫当然也不例外。它想通过磕头的方法从我们的手中翻越出去，可是身子却被死死地捏住了，这个时候，就只有它的前胸和头会不停地叩起来。如果此时，你把它靠近指甲或是桌面，它就会不停地叩头，就好像是在给我们拜年一样，极为有趣！

叩头虫为什么要不停地磕头?

我们常常嘲笑叩头虫没出息,总是一副可怜兮兮的样子,通过给别人磕头来讨好取悦!其实我们并不真正了解叩头虫,它们也是有苦衷的呢!当它们被抓住不断地磕头时,实际上这是一种逃跑的方式。而这种方式是它们在多年的进化中形成的一种躲避危险、越过障碍时的本能反应。它们其实是很聪明的小虫虫,叩头虫知道天敌喜欢新鲜的食物,在遇到敌人的时候就会装死,然后趁机弯腰弹向半空一溜儿烟地逃走。这在自然界中也是一种生活法则。

问:叩头虫为什么不停地叩头?

像小燕子的
蝴蝶——燕凤蝶

　　"小燕子穿花衣，年年春天来这里。"小燕子是小朋友们都喜欢的一种益鸟儿，我们常常哼唱着《小燕子》的歌，看它们从头顶低空飞过。但是小朋友如果看到一种蝶，一定会误以为它们是最小的小燕子呢！因为它们不仅会像小燕子一样在低空飞，而且还长了跟小燕子一样的尾巴，这可是小燕子的代表性特征啊！小朋友想不想去看看它们呢？它们正在下面的文章里低飞呢！

谁是中国最小的凤蝶?

在中国生活着一种最小最小的蝶,它们即便将双翅展开也不过只有2厘米长。而小朋友见了它们通常都会说:我看到了一只最小最小的小燕子!可它们明明是蝶啊,为什么有那么多小朋友都叫它们小燕子呢?原来这种蝶有个非常好听的名字,叫作燕凤蝶。而它们不仅名字好听,长得也很像小燕子呢!

像小燕子的凤蝶!

燕凤蝶还有很多很多好听的名字:燕尾凤蝶、粉白燕凤蝶、珍蝶、蜻蜓蝶、白带燕尾凤蝶、白带燕凤蝶,这些美丽的名字都归它们所

有。而燕凤蝶虽然在凤蝶科中属于体型最小的，但它们却是凤蝶科中飞行技巧最高的。它们的触角和背部都是黑色的，头宽宽的，腹部短短的，非常可爱，一对黑色的翅膀中间，长着一条半透明的灰白色带，这条灰白色带沿着内缘中部去找另一条淡灰白色带汇合，而呈波形的外缘，镶着白边，一直延伸到尾突的末端。形状跟小燕子剪刀似的尾巴像极了！

燕凤蝶最喜欢什么地方？

只要是蝶，似乎都离不开有花的地方，燕凤蝶也是如此。当我们沿林中小路一路走去，就会看到在低空中，有一只翅膀扇动频率飞快的蝶，它有着小燕子似的长长的尾突，那肯定就是燕凤蝶了。它们不管是雄性蝶还是雌性蝶，都会停在花朵上吮吸花蜜。在它们吸蜜的时候，前翅显得非常活跃，它不停地振动

着，而尾部也被带动得摆动不停，就连腹部似乎也兴奋得高高翘起。也许这是它们在表达对花的喜爱之情吧！

哇！燕凤蝶这么多才多艺啊！

燕凤蝶可是个十分活泼的孩子哦，当它们在低空中飞舞的时候，由于双翅扇动频率飞快，它们还可以变换各种有趣的姿势，就像在跳一种它们自编的舞蹈一样，在空中跳出欢快的舞步。时而在空中停留，时

而原地打转，还可以左右平移，甚至能倒退着飞行等。这些可都是燕凤蝶的独家创作哦，其他的蝶种都只能羡慕着、赞叹着观望了！

它们怎么会喷水啊？

在中国南方生活着两种蝶，一种是绿带燕凤蝶，另一种是燕凤蝶。当火热的夏天来到时，小朋友都喜欢去游乐场游泳，既有趣又凉快！其实这两种蝶也和小朋友一样都很喜欢水，很奇怪吧？它们不仅喜欢水，而且还是昆虫界的玩儿水专家呢！在南方的小溪边和公路旁的湿地上，经常可以看到成群的雄蝶，正贪婪地吸着水，同时你还会发现一种更有趣的现象，它们竟然一边吸着水一边喷着水，就像是在玩儿着一种有趣

的游戏。其实它们这样做只是为了把身体内的热量通过喷水的方式散发掉，这么热的天气，蝶们也需要找个方式降温啊！

燕凤蝶的防卫武器是什么？

在自然界，似乎每一个成员都有自己的一套防卫措施，那么既漂亮又多才多艺的燕凤蝶当然也不例外喽！它们的武器很特别，因此平时你是看不到的哦！那个武器是一对黑红色或灰色的触角，被它们藏在头部的后面，通常这对触角就藏在囊里，一旦受到冲击便会突然伸出，同时喷出脂肪酸分泌液，这种液体的最大特点就是味道极臭。如果有谁冒犯了一群燕凤蝶的话，那就会遭到它们喷出的臭气的包围，就像一团化学烟雾弥漫四周。

哇！好吓人的
"大眼睛"——孔雀蛱蝶

每当夏天来临时，我们的周围总有很多的蝴蝶飞来飞去，有时我们还能看到两只蝴蝶翩跹起舞的样子，我们都很喜欢它们。可是这些小蝴蝶每当冬天来临时，就会相继死去，它们为什么不能像其他小动物一样以冬眠的形式度过冬天呢？别急，下面要给你讲的，就是唯一能够冬眠的蝴蝶，它们是谁？马上你就知道啦！

长着孔雀尾羽的蝶

每当天气转暖，动物园里的小动物们都会兴奋起来，这个时候动物园就会迎来大批的游客。而小朋友们都很喜欢去看孔雀，会期盼它们此时能够展开尾羽，露出靓丽的羽衣。可是小朋友们认识一种蝶吗？它们叫孔雀蛱蝶，翅膀的色彩非常艳丽，后翅上还藏着大型的眼纹，看起来就像雄孔雀展翅时的尾羽一般，它们也因此而得名。

孔雀蛱蝶是什么样子的？

孔雀蛱蝶生活在中国的北京、河北、青海、陕西等地，小朋友们在这些地方可以找到长着一对朱红色鲜艳翅膀的蝶，它们的翅膀背面呈现出暗褐色，上面布满了黑褐色的波状横纹。另外，在它们

黑褐色的背上，还长有一层棕褐色的短绒毛。这个看起来毛茸茸的小家伙，落在草丛间就像一朵盛开的花！

雌、雄蝶有什么不一样？

孔雀蛱蝶中，属雄蝶的色彩更为艳丽。雄蝶的一对翅膀表面底部铺满了橘黄色，而前后翅上都长有明显的大型的圆圈图案，就好像眼睛一样，直瞪瞪地看着前方，在翅的外缘还有2至3条黑色的细带纹，另外，前翅的中部还长有不规则的黑纹。

雌蝶的翅表其实和雄蝶没什么区别，那为什么说它会逊色于雄蝶呢？因为它们腹面的斑纹会随着季节的变化而变化，在寒冷的冬天，雄蝶的花衣服依然如新，但是雌蝶的衣装此时却如枯叶一般，眼纹全部消失了。

原来它们也会冬眠啊！

其实大自然中生活着很多很多的蝴蝶，但是它们的寿命都很短，每当冬季来临时，这些蝴蝶就都烟消云散了，而孔雀蛱蝶却不同，冬天一到，它们就要睡觉了，就和很多小动物一样，也进入了冬眠期。其实早在秋天的时候，孔雀蛱蝶就已经为冬眠做准备了，它们会给自己找一处干燥的地方，而它们后翅上的斑纹此时又有了新的作用，可以用来

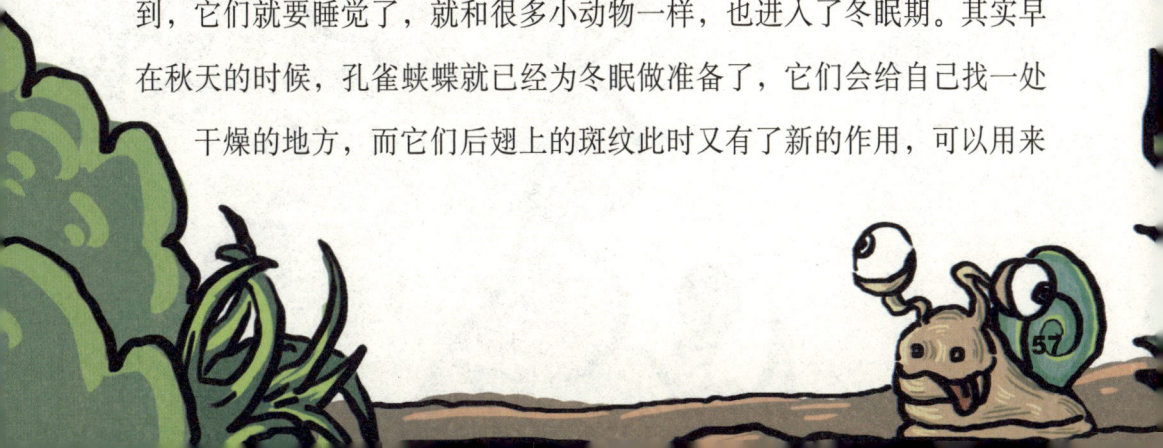

伪装自己，让自己安安全全地度过冬眠期。在春季来临，大地复苏的时候，它们也活动着筋骨，飞出来寻找花朵填饱肚子，再以荨麻作为"产房"，开始自己崭新的一年。

看我怎样把天敌吓跑！

小朋友们都知道，孔雀尾羽上的图案——像眼睛一样的眼斑其实不仅是为了炫耀自己的美，也用来防卫和恐吓敌害的侵扰。而孔雀蛱蝶的翅膀上也长着四个醒目的大型眼斑，它们同样也是用来对付敌人的武器哦！孔雀蛱蝶可是鸟类最最爱吃的一种美味了，不过它们有着能变身的本领！每当它们休息的时候，我们只能看到它们的隐藏色。唯有遇到敌情时，它们先会一动不动地装死，观察敌情，然后突然打开翅膀，那四只"大眼睛"直瞪瞪地看着敌人，敌人立刻就被吓跑了。

趣味问答

用什么词来形容孔雀蛱蝶呢？

　　曾经有一部电视剧，叫作《双面佳人》，小朋友也许对这个电视剧并不了解，但是这个电视剧的名字，用来形容孔雀蛱蝶却最为合适。因为在夏天的时候，雌性孔雀蛱蝶的翅膀正反面都有大型的眼纹，但到了冬季，它们腹面的眼纹就如同枯叶一般，眼纹全部消失了。这样的变化是不是可以被称作"双面佳人"呢？

你看，那片
枯树叶会飞呀！
——枯叶蝶

在这个色彩斑斓的世界中，一片灰暗的枯树叶一定不会引起人们的注意，但是当这片"枯树叶"舞动着身姿，飘然飞过时，你是否还能够镇定自若，假装没有看到呢？你的目光一定会跟随它，因为飞过去的可是超级擅长伪装的专家啊！它是谁呢？是怎样伪装的呢？这个神奇的家伙又会带来怎样的故事，我们快来看一看吧！

这难道不是树叶吗？

当我们看到一片枯树叶在天空翩跹飞舞时，你会不会觉得惊奇，为什么这片叶子会飞呢？其实那是像枯树叶的一种蝶，这种蝶不会去讨好花朵，也不会去迷惑人的视线，但它却是世界上闻名的拟态专家，它叫

做枯叶蝶。枯叶蝶的学名叫作枯叶蛱蝶，目前它已被中国列为珍稀蝴蝶品种。

这片树叶是这样的

枯叶蝶的形状和一只普通的蝴蝶差不多，一对翅膀就像两片两边缺角的叶子，呈褐色或紫褐色，偶尔也会看到呈藏青光泽的枯叶蝶。而它们的反面就和一片枯树叶的颜色一样。当它们休息时，你会觉得你看到的就是一片枯叶，甚至连叶脉都能清晰地看到。如果你再仔细地观察，会发现在翅里还掺杂着深浅不一的灰褐色斑，这时候枯叶蝶看上去就像一片生病的叶子。

这简直让人无法分辨啊！

当枯叶蝶飞累了，落在树上休息的时候，它们会将扇动的翅膀合拢，停在树枝上，那简直就是一片树叶！谁又能分辨得出来呢？要知道，枯叶蝶可是世界著名的拟态种类，它装扮叶子已经达到了出神入化的境地。当它们在空中拍打着翅膀飞舞时，翅膀背面就会呈现出鲜艳的颜色，而这种美只有凤蝶可以与之媲美！

为什么我们看不到枯叶蝶呢？

枯叶蝶并不喜欢生活在人多的地方，它们更喜欢清静的生活。比如山崖峭壁，杂木林间，溪流两侧的阔叶片，这些地方都能让枯叶蝶与大

自然融为一体。当太阳升起，叶面的露珠消失后，枯叶蝶就会去寻找留下伤口的树干，因为树干的伤口处总能渗出汁液，这便是枯叶蝶最为喜爱的美餐了！想要寻找枯叶蝶的话，那就要先找到与大自然亲密接触的感觉哦！

跟敌人玩儿捉迷藏

在这个万物生息的大自然中，每一种动物都有自己的天敌，枯叶蝶也有，但它同其他小动物一样，也拥有自己躲避敌人的方式。当枯叶蝶受到惊吓时，它们就会用最快的速度飞离，找到一棵高大的树木或是林中藤蔓的枝干，当它们混入树干和叶片之间时，任凭敌人再厉害也很难发现它们的存在了。

枯叶蝶是这样喝水的啊！

枯叶蝶也会有口渴的时候，那么它们怎么喝水呢？原来它们在喝水的时候也有自己伪装的方法。每当它们飞到池边饮水时，都会把翅平铺在体背上，然后用翅面将整个身体遮盖住，这样子像极了一块苔藓，敌人恐怕也没有那个好眼力能分辨得出拟态专家的小把戏了！这样枯叶蝶就可以痛痛快快地喝上一番了。

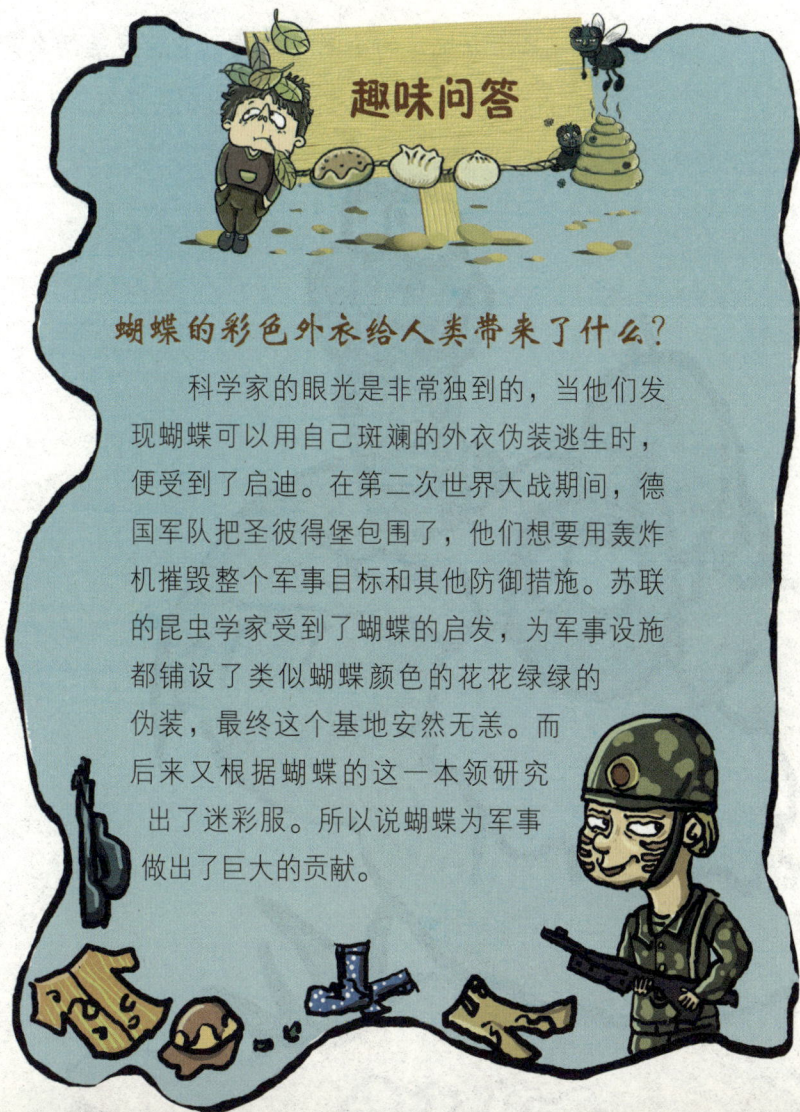

趣味问答

蝴蝶的彩色外衣给人类带来了什么？

科学家的眼光是非常独到的，当他们发现蝴蝶可以用自己斑斓的外衣伪装逃生时，便受到了启迪。在第二次世界大战期间，德国军队把圣彼得堡包围了，他们想要用轰炸机摧毁整个军事目标和其他防御措施。苏联的昆虫学家受到了蝴蝶的启发，为军事设施都铺设了类似蝴蝶颜色的花花绿绿的伪装，最终这个基地安然无恙。而后来又根据蝴蝶的这一本领研究出了迷彩服。所以说蝴蝶为军事做出了巨大的贡献。

谁都讨厌我！
——毛毛虫

　　小朋友都知道，有一种长毛毛的虫虫可是很厉害的哦！虽然我们并不喜欢它，可是它的本领很大，能让一只十分饥饿的小鸟不敢靠近它，这是怎么回事呢？而这种虫虫又是谁呢？下面我们一看便知！

这个软软的家伙是谁?

通常我们会在枝叶丛生的植物叶面上，看到一个绿色的、软软的家伙在叶子上慢慢地蠕动着，这就是毛毛虫。你别看它身体软软的，其实它和其他昆虫一样，都是有外骨骼的。你别看它平时爬起来特别慢，像是用胖胖的身体蹭着往前走，其实毛毛虫还长着3对胸足和5对腹足呢。当它们想要吃东西时，它们腹部的肌肉就会紧紧地抓牢植物，让它们细细品尝!

长毛毛的小虫虫!

毛毛虫身上长着很多小毛毛，这些小毛毛虽然不被小朋友们喜欢，但是对于毛毛虫来说，这可相当于它们生命的依靠啊!因为毛毛虫太胖了，也没有翅膀，根本不会飞行，但是当天敌要吃掉它们时该怎么办呢?这个问题曾经是毛毛虫最为头疼的问题，但是在长期的生活环境演变中，毛毛虫的身上慢慢长满了长毛，也许最初连它们自己也不清楚这有什么用，但是后来它们发现，这原来是可以用来防御敌人的。当敌人要吃掉毛毛虫时，就会因为它们的这身毛毛而难以将它们吞食掉。

美食摆满一圈哦！

　　毛毛虫并不像其他的昆虫那样利用复眼来捕食，它根本就不需要那么多的复眼，因为它根本就不用像其他昆虫一样飞来飞去地捕捉猎物。那它们吃什么呢？它们以绿色植物为生，在它们的身边围绕着大片大片的绿色植物，它们只要被这些植物包围着，就可以尽情地享用美食，这些幸运的家伙从来就不用为食物发愁。

毛毛虫也有毒吗?

曾经听大人们说，毛毛虫可是会蜇人的。其实这真是误会毛毛虫了，因为毛毛虫有毒的毛很少很少，多半的毛都是没有毒的，也更不会蜇人了！但是有一种有毒的毛毛虫，它们都是毒蛾和刺蛾的幼虫，它们身上的毛的根部丛生着许多的小毒针毛，小朋友们一定要远离它！

这个毒毒的家伙!

昆虫中要说毒性最强的就是毒蛾了，在一个最小的毒蛾幼虫身上，竟然有600万根左右的毒针，而每根毒针的毛长都仅仅在0.1毫米左右。毒性排名第二的茶毒蛾，它们最小的幼虫身上也有50万根毒针呢！如果谁的皮肤不小心与毒针毛接触了，一会儿就会像得了荨麻疹一样，起一身的小红点。

毛毛虫为什么要吃掉自己的家？

这些小毛毛虫刚一出生就要造反了，它们破卵而出的第一餐竟然是把自己的卵壳吃掉！其实这一现象是因为毛毛虫的成长速度非常快，而卵壳刚好又能给毛毛虫提供丰富的养料。在吸取完最初的营养后，毛毛虫还会吃掉上百片的叶子，然后它们迎来几次蜕皮，慢慢地就

会越长越大，仅仅几个星期的时间，它们的体重就会增加好多倍。这恰恰也为变蛹打好了基础。

毛毛虫为什么荣获"十大骗子"之一的称号？

昆虫学家鲁诺·克兰佩特曾仔细地观察过毛毛虫的伪装，它发现有一种叫作"鸟粪"的毛毛虫，可以将自己伪装成鸟粪，这样就能躲过很多灾难。还有一种擅长偷窃的毛毛虫，它们从植物中窃取毒素，从而拥有致命的毒刺。当遇到危险时毛毛虫就会利用自己的伪装，这些愤怒的毛毛虫让非常饥饿的小鸟也不敢靠近它们。

毛毛虫为什么荣获"十大骗子"之一？？

给人类做衣服的
好虫虫——蚕

春天来临时，那一身厚重的冬装会被换下，而轻便的衣服会给小朋友带来更多的活力！那小朋友知道用哪种材质做的衣服是从古至今，人们最最钟爱的吗？那便是丝，丝的质地柔软，而且滑滑的，穿在身上可舒服了！那么这些丝是

从哪里来的呢？是农民伯伯种出来的吗？它可不是种出来的，它是一种小虫虫送给我们的礼物哦！这么珍贵的礼物，我们快去看看吧！

这个白白的虫虫是谁啊？

这个白白的、长长的虫虫有着吐丝的超级本领，连人类都要赞叹它们呢！它们就是蚕。蚕的身体分为头、胸、腹三个部分，你别看它们不大，可它们的身体要分出13节呢。而且，蚕长得怪怪的，在它们的头上

除了长着嘴之外，还长着触角，它们的脚分布在胸部、腹部和尾部。其中腹部上的脚可以帮助蚕稳稳地在桑叶上四处爬行。它们用来呼吸的器官并不是鼻子，而是身体两侧的气孔！嗯，这还真是个长相奇特的家伙！

蚕宝宝的最爱！

蚕宝宝和小朋友一样，都有自己爱吃的东西！蚕宝宝的最爱就是它们赖以生存的桑叶。除此之外，它们也不做挑食的宝宝，一些植物的叶子同样是它们的餐点，比如柘叶、榆叶、生兰叶等二十多种。而蚕宝宝就像刚出生的小婴儿一样，总是要有很多的睡眠来补充体力，它们通常每隔七天就要休眠一次，而且这期间不吃不喝也不动，当我们担心它们会不会死去的时候，这些小家伙又伸着懒腰开始活动了。它们休眠之后，就会进入蜕皮期，而每脱皮一次就代表长大了一岁，当蜕皮到第四次时，它们就已经是五岁的小朋友啦！

为什么蚕宝宝总要换新衣呢？

原来蚕宝宝的外皮就和小朋友的衣服一样，不会随着我们长高而变长变大。它们的外皮是由几丁质构成的，每次休眠之后，旧衣服就会一点点儿脱落，换上新的衣服。当蚕成为五岁的小朋友时，就开始吐丝结茧了，而这只小小的蚕所吐出的丝足足有1000至1500米长呢！当它们完成吐丝的使命后，在茧中就会

进行最后一次蜕皮，这次蜕皮之后就会大变样了，它们会先变成蛹，随后又会羽化成蚕蛾，最终破茧而出。它们终于长出了翅膀，可以自由地飞行了！

蚕丝可是很珍贵的哦！

人们对蚕丝非常钟爱，它们被织成丝绸穿在身上既舒服又凉快！可是随着人口增长速度的加快，蚕吐出的丝已经不够人类使用了。这可怎么办呢？于是科学家想出了一个很好的办法，他们通过模仿蚕吐丝制作出了"人造纤维"。而这种人造纤维可比真正的蚕丝做出的东西要便宜得多了。蚕丝自古以来就被当作上上品来看待呢！这是任何东西都无法模仿和取代的。

趣味问答

谁模仿了蚕的技术？

早在1855年，法国的化学家奥德马尔盯着一只蚕发呆。他有个怪怪的想法，如果我能学会蚕吐丝的技术那该多好啊！于是这个敢想敢做的化学家便开始潜心研究起来，他发现，蚕吃过桑叶之后，首先会在肚子里形成某种黏液，然后再把这种黏液吐出来，而黏液与空气相遇后就会凝固成丝。知道这一过程，奥德马尔的实验便开始了，终于在他的实验室里，一种"人造纤维"被发明了出来。

啊！我被它叮了个大包——蚊子

每当到了夏天，花草树木生长得特别茂盛，这个时候一个大家都讨厌的家伙就又恢复了猖狂。在草丛边、河水边，还有潮湿阴暗的许多地方都有它们的踪迹，人们想尽办法要将它们消灭掉。它们是谁呢？它们就是在你耳边"嗡嗡嗡"叫着，还要吸你血的坏蚊子啊！

原来是最毒的蚊子啊！

夏天一到，我们总是会被蚊子侵扰，所以我们看到每一只蚊子都是恨恨的，一定要打死它们！但是很奇怪，为什么有些被打死的蚊子会有血，但是有些却没有呢？是不是它们还没有机会吃到我们的血呢？原来蚊子不是都吸人血的，只有雌蚊子才会吸血，而雄蚊子却是只吃素不吃荤的。雄蚊子只会吃植物的花蜜和果子，吸食植物的汁液为食。其实这个毒毒的雌蚊子来吸人血也有它自己的苦衷，因为它们要繁衍后代，所以非吸不可！

蚊子的另一对翅膀有什么用？

别看蚊子小，身体结构却很全呢！我们来看一下，它们的身体分为三部分，有头、胸、腹。而且蚊子可不是个小胖子，它们拥有纤细的腿和身子。而且在它们的身体上，除了长了一对翅膀供它们飞行外，还有另一对翅膀。你们能猜出这对多出来的翅膀是用来做什么的吗？原来那是它们用来保持平衡的啊！

它们是怎么发出叫声的？

蚊子这么小，它们的叫声有时却扰得人难以入眠，这是怎么回事呢？原来蚊子的叫声并不是从嘴里发出来的，而是它们身上的翅膀的功劳哦！它们的翅膀可厉害

呢，虽然看起来又软又薄，但当它们飞行的时候，这对翅膀就会显示出它们的威力，它们会以每秒约594次的振动频率让你听到蚊子发出的"嗡嗡"声。

蚊子是什么颜色的?

因为蚊子太常见了，而且又很小，所以小朋友平时很少关注它们。但是当问到蚊子是什么颜色的时候，不知道小朋友是否还能答得出呢？通常我们都会认为蚊子是黑色的，这么小的家伙，还能有多少颜色呢！你可不要小瞧它们哦，在蚊子的体表上面，覆盖着很多形状、颜色不同的鳞片呢，而这些鳞片会呈现出不同的颜色。

坏蚊子竟然有六根毒针啊!

夏天一到，我们的身上难免会落下红红的包，这都是那个坏蚊子的所作所为，我们不喜欢它们的最大原因就是它们嘴上那根毒毒的针。其实我们都被蚊子骗到了呢！让小朋友身上长包的，是蚊子的口器，而这个口器是由6根鳌针组成的，并非我们平时想象中的一根。小朋友一定不会相信的，那么小的蚊子怎么长得下6根针呢？其实这些针是比我们头发还要细的小管子，在它们的外面包着一层皮，蚊子的嘴就像个小夹子一样，夹着这6根针。这样就成了一个强大的吸血的武器了！

为什么被蚊子咬时不会痛呢?

　　不要说6根针了，如果平时用1根针来扎我们的皮肤，我们也会感觉到很疼很疼的。可是蚊子是怎么做到悄悄地把我们的血吸走的呢？原来它们的口器长得很巧妙，呈锯齿状，这样与人的皮肤接触的面积就会很

小，这样小的面积，人的神经系统是不会察觉到的，自然也就感觉不到疼了！当蚊子的口器刺到皮肤里，就会分泌出很讨厌的唾液，这些唾液会让我们的血液不能凝结，它们就可以想吸多少吸多少了。但是它们谁的血都吸，所以在它们的唾液中自然会有很多的细菌，这就是让我们后来感到痒和疼痛的原因了。

趣味问答

蚊子的口器让人们发现了什么？

小朋友最不喜欢打针了，打针虽然能为我们治病防病，但是医生把针头扎在我们的皮肤上还是会很疼呢！不过有个好消息要告诉你们哦，日本的科学家已经通过对蚊子口器叮人不疼的研究，研制出了一种模仿蚊子口器的医用针头，这种针头长1毫米，直径也仅有0.1毫米，而最让人惊叹的是，针上也有锯齿，这些锯齿的厚度仅有1.6微米啊！这样，针头与我们的皮肤接触的面积就会变得相当小，小朋友在打针时，就不会感到疼啦！

不怕！
不怕！

嗡嗡嗡，爱劳动的 小不点儿——蜜蜂

在这个美丽的大自然中，生活着一个让小朋友既爱又不敢靠近的小家伙，它们穿着黑黄相间的衣服，扇动着翅膀，常常成群结队地跳着舞蹈。这些可爱的小家伙有着自己独特的生活方式，它们拥有自己的国度，并且每一个成员都严格地遵守自己国家的制度，那它们是谁呢？又有着怎样有趣的生活？我们马上就来分享一下吧！

好一座蜜蜂王国啊！

常常可以看见在花丛中飞来飞去、穿梭忙碌着一些辛勤的工作者，它们提着小桶四处搜集花蜜，是喜欢甜味儿的小家伙。小朋友一定都猜出来了，它们就是我们熟悉的小蜜蜂。小蜜蜂拥有非常庞大的家族，有时我们会在房檐或树上看到它们的房子，这个房子可不简单呢！这里就像是一个蜜蜂的王国，一个普通的蜂巢就居住着大约6万只蜜蜂，其中统领王国的蜂后有1只，雄蜂大约有100只，其他的都是勤劳工作的工蜂，而蜂后却很少飞出去，它只负责产卵，不断地哺育后代。

啊！蜂后也会遭虐待？

在蜜蜂的王国里通常会出现一个奇怪的现象，每到春、夏季节交替之际，就是蜂群的昌盛时期。这时候的工蜂最为辛勤，它们会为雄蜂建造房子，并且培育出很多的雄蜂来，但奇怪的是这些工蜂竟然性情大变，开始虐待起蜂后来了，这是为什么呢？

原来工蜂同时也是这个王国的守卫者，即便是蜂后偶尔想偷懒，工蜂也不会对它客气的！它们在这个时候会拒绝给蜂后提供好吃的，还会咬蜂后，把蜂后赶去产卵。等这些卵孵化出幼虫时，工蜂又会用宝贵的蜂王浆来喂这些小宝宝。但这些小宝宝很快就吃不到蜂王浆而改吃普通的蜂蜜了，因为只有尊贵的蜂后才有资格一直享用蜂王浆！

盛大的分蜂舞会开始啦！

让小蜜蜂兴奋的时候到啦！每到工蜂用蜂蜡将王台口封好，就到了蜂群分家的时候了，这个时候兴奋的工蜂就会争先恐后地冲出蜂巢，在离巢

不远处聚集并疯狂地跳起"分蜂群舞"来。待老蜂后飞出巢门，小蜜蜂就会立刻找到附近的一棵树组成一个重重叠叠的蜂团等待老蜂后的指令。

这时蜜蜂中的侦察蜂就会大批量地飞出，去寻找新的巢，当它们飞回后，会以"跳舞"的方式汇报新巢的方向和距离。批准后，侦察蜂就会带着许多工蜂长途飞行到新巢，由侦察蜂先飞到巢门前，跷着尾巴扇动着翅膀告诉等在后面的工蜂，这里很安全，快进来吧！这时蜜蜂们就会兴奋得一拥而入，在这个新巢里继续繁衍生息。

蜜蜂也是
"啃老族"吗？

我们都说要学习蜜蜂的勤劳，可是小朋友们知道吗？小蜜蜂也有坏坏的毛病。蜜蜂可不都是勤劳的，美国研究人员发现，勤劳的蜜蜂受到体内一种节律因子的指挥，才会成群地飞出甚至越洋去四处采蜜，可是这些辛勤者却都是老一些的蜜蜂，而那些幼蜂只会养尊处优地待在蜂巢里过着悠闲的生活。直到它们长大成年后，才会有规律地工作和劳动。

趣味问答

侦察蜂是怎样传递信息的？

蜜蜂会频繁地跳舞，其实它们并不是在炫耀自己的舞姿，这些舞蹈正是它们互相沟通的"语言"。侦察蜂就是用不同的舞蹈来传达蜂源位置信息的。当它们跳起圆圈舞时就说明蜂源在附近；当它们朝向太阳的某一角跳起翩翩的8字舞时就说明蜂源很远。蜜蜂的生物时钟很准，在它们指引方向时都会以太阳作为方向标将信息及时传达给同伴。

世界上最脏最脏的虫虫——苍蝇

　　"我是害虫，我是害虫，负责把病菌带给每一个人！"听，那些脏脏的虫虫又在飞来飞去四处传播病菌了，它们时常会出现在我们的生活中，是些非常没有礼貌的不速之客，它们是谁呢？让我们来找找看，看看它们现在又在做些什么？

家族兴旺的脏虫虫

有一种虫虫非常常见，似乎人们想尽办法也不能完全消灭它们，它们就是家族强大的苍蝇。要说苍蝇有哪件事情能让人类为之惊叹的，那就是它们的繁殖能力。通常一只苍蝇妈妈一生可以产5至6次卵，最让人震惊的是，它们每次产卵的数量都在100至150粒左右！这就难怪人们为什么动用了那么多方法都没能让苍蝇离开我们的生活了，于是苍蝇的军队就开始遍布世界各地，同时它们也成为被整个地球都不喜欢的虫虫家族了。

苍蝇为什么会带来病菌？

苍蝇可是个"不速之客"，它们常常会不经允许就悄悄地潜入我们的家中，但是妈妈说，被苍蝇沾过的东西要消毒后才能吃，这是为什么呢？原来苍蝇可是最脏最脏的虫虫了，它们最喜欢在臭臭的粪、尿、痰或呕吐物等地方爬行，并且把这些污物当作美食。这样它们就变得很脏，而且还很容易把病菌带在身上。当它们飞落在食物和餐具上时，这些病菌就会污染食物和餐具，如果我们没有及时消毒，这些病菌就会进一步侵害我们的身体！

左搓搓，右搓搓，它们在做什么？

每当苍蝇停落在某处时，我们就会发现一个奇怪的现象，它们总是不停地搓着脚，小朋友可能会以为这些苍蝇是不是在做健身操啊？其实它们是在清理脚上粘的脏东西呢！

由于苍蝇总会落在不干净的地方，所以它

们的脚上常沾满了不干净的东西。如果不清除干净就会影响它们的爬行和飞行的速度。另外，在苍蝇的脚上还有一个小秘密哦！它们的脚上长有味觉器官呢，如果沾的东西太多，味觉器官就会被堵住，这样它们就不能分辨出味道来了。

苍蝇不会从天花板上掉下来吗？

通常苍蝇为了躲避人类的追打，会飞到高高的天花板上，奇怪的是它们能够倒置在天花板上却不会掉下来，这是为什么呢？其实秘密就在它们的脚尖上，那些长在脚尖上的尖爪和黑黑的黏毛虽然细小，却是苍蝇最厉害的秘密武器呢！它们能通过分泌出的一种黏性液体让倒置在天花板上的苍蝇可以稳稳地行走，这样小朋友再想打到它们就难了！

最爱吃苹果的苍蝇

小朋友都知道要多吃水果，这样才能让我们的皮肤水水嫩嫩的，而且还能让我们健康成长。这个小常识不知什么时候也被苍蝇学去了，有一种水果蝇就专门爱抢小朋友的苹果吃呢！水果蝇在吃苹果的时候，会飞到苹果的表面上狠狠地咬出一个洞来，然后就像挖井一样一点点儿把洞咬深，吃掉里面的苹果瓤。不仅如此，它们还会把自己的卵也产在苹果洞里，等到小苍蝇出来了，就会继续吃着苹果里的瓤直到它们长大。

趣味问答

真有吸血的苍蝇吗？

　　以前我们都认为只有蚊子才吸血，但是远在非洲却生活着一种专门吸血的苍蝇。它们有着奇怪的名字叫睡眠苍蝇，这个名字是怎么来的呢？原来它们是以吸人或牲畜的血为生的，人一旦被它们咬到就会生病，是一种奇怪的睡眠病，如果没有去医院接受治疗，严重的还会睡死过去呢！所以非洲人都非常害怕它们。

落在枝头上的
飞行家——蜻蜓

在昆虫的世界里，生活着一群飞行侠，它们不仅飞得快、飞得高而且还飞得远。有多远呢？每小时大概100多千米吧！这么厉害的飞行本领啊，那它们是谁呢？我们日常生活中能够看到的小虫子极为有限，但是它们却时常会从我们身边飞过哦！而且我们都很喜欢它们，它们的本领还有很多，让我们一起去见识一下吧！

长着一万只眼睛的小家伙！

我们人类都有两只眼睛，如果谁的眼睛近视了，架着眼镜，就会有人开玩笑地说他长了四只眼睛。可是有一种小虫虫竟然长了1.8至2万只小眼睛呢！它们就是我们都喜欢的蜻蜓。你不相信吗？那我们就来看看，这些眼睛实际上是组成它眼睛的复眼，而它们可不是个摆设安置在那儿就得了，而是各有分工哦。这些复眼的上半部分是专门负责看远处东西的，而其余那半部分的复眼则负责看近处的东西。通过它们之间的合作，蜻蜓就成了超视力专家啦！远近的猎物都难以逃脱它们的法眼哦！

蜻蜓宝宝是好孩子吗？

蜻蜓就像是童话故事中的"丑小鸭"一样，在它们还是幼虫时样子长得很丑，像极了一只大肚子的蜘蛛，这个时候的小蜻蜓还有另一个名字，叫作水虿。水虿在捕食水底猎物时用的武器是长在它们下颚上的大钳子，这个大钳子会给猎物来一个晴天霹雳，速度如闪电一般。其实水虿也会挑食，它们最喜欢吃的食物是蚊子宝宝，蚊子宝

宝也有另一个名字叫孑孓，蜻蜓宝宝吃掉蚊子宝宝，这样就大大地减少了蚊子的数量。所以蜻蜓从幼小的时候起就已经在为人类除害了，因此它们是当之无愧的好孩子呢！

蜻蜓的秘密武器是什么？

我们每一个小朋友都有自己最擅长的一种本领，有的时候这种本领被藏得太隐秘，我们还没有发现，而在自然界中的小虫虫们也都身怀绝技呢，蜻蜓也不例外。它们在捕食的时候就会用上它们特有的秘密武器呢！看，就是它们腿上的刺，这可不是简单的尖刺哦，这些刺合拢在一起就会变成一只小笼子呢，在蜻蜓加速冲到猎物面前时，这个小笼子就会立刻把还没有准备的猎物装进去，等猎物反应过来时已经成为蜻蜓的美餐了！

蜻蜓为什么低飞？

夏天来了，我们经常能看到蜻蜓在水面和草丛的上空飞来飞去，它们有时飞得好高好高，有时又飞得好低好低。但是一遇到天气闷热或者阴天时，它们就成群结队地飞到低处去了，那这是为什么呢？原来这是它们领悟到的生活小窍门呢！在下雨之前天气就会非常闷热，气压也比较低，而正是因为这个原因，那些蜻蜓喜欢吃的蚊子、苍蝇等昆虫都飞到了比较低的地方，这时蜻蜓成群地赶来就足以饱餐一顿了！一只蜻蜓的饭量可大了，通常一天需要吃掉1000只小飞虫才能够补充它们的体力，所以雷雨天是它们最喜欢的天气了，每到这时它们很容易就会吃饱了。

蜻蜓的宝宝是怎样出生的？

如果你在炎热的夏天来到清风抚过水面的湖边，通常都会看到这样一个奇怪的现象——蜻蜓点水。也许小朋友会认为是不是太阳公公把它们烤得太热了，它们是来解暑降温的吧？其实蜻蜓是在为宝宝安家呢，它们都会把腹部的末端贴近水面，然后直接把卵产在水里，任凭它们飘到哪里，因为蜻蜓小的时候可是很会水的哦！

97

趴在竹子上，你能找到我吗？——竹节虫

　　小朋友们都很喜欢神奇的魔术，因为它总能变出我们意想不到的东西来，不断地给我们带来惊喜。而在我们的这些虫子朋友当中，就有一种擅长变树枝的小虫虫，它们能把自己整个变成树枝而不需要任何道具哦！真有这么神奇吗？它们是谁？还有什么有趣的本领呢？带着这些问题，我们来找找看，哪一些才是它们呢？

这个伪装大师是谁呢？

如果小朋友在有很多树枝的地方玩儿，顺手抓起一根树枝，说不定它就会突然活了呢！呵呵，不过不用怕，这其实是一种很会伪装树枝的小虫子而已，它们就是竹节虫。竹节虫最喜欢躲进大片大片的树枝里睡觉了，这时候的竹节虫像极了一根干枯的树枝或竹枝，可以看出它们的伪装技术相当高！如果它们不动，小朋友们根本分辨不出哪些是树枝哪些是它们！竹节虫的名字被翻译成英文也很有趣，译做"会走路的拐棍"，可以看出它们的伪装技术可是得到了世界的认同哦！

好厉害啊！它们会变身呢！

每到夏天的时候，毒毒的太阳光就会把小朋友的皮肤晒得黑黑的，这个时候我们的皮肤就像换了件外衣，直到夏天过去，皮肤才会慢慢恢复白皙。但是小朋友们知道吗？当温度下降时，竹节虫的体色会变暗，而当温度升高时，它们的体色又会变成灰白色，这是让它们躲避天敌的好方法，对竹节虫来说这可是保护符呢！

竹节虫为什么没爸爸？

白天阳光充足，往往是出去游玩儿和学习的好时间，但是慢吞吞的竹节虫可不太喜欢白天，这个时候它们通常都会待在树枝上睡懒觉；直到夜晚来临，漆黑一片时，便到了它们活动的时间了。竹节虫会选择一个自己觉得安全性比较高的树枝，然后把它们的卵单粒产在上面，可是这个宝宝通常要待到

一至两年才能孵化出来。而更为奇怪的是，有的种类的竹节虫是没有爸爸的，它们是由妈妈自己带到这个世界上来的，这些小家伙就成了无父的后代了。

可怕的逃脱方式！

有很多小虫子在面对敌害时，都会选择装死来躲避，或是老老实实束手就擒。但是竹节虫可是个怪脾气的孩子，它们才不允许别人抓到自己呢。一旦落入

敌手，竹节虫就会毫不犹豫地将自己的手脚挣断迅速逃跑，这是不是很恐怖呢！其实不用担心，因为竹节虫的手脚都是有再生功能的，过不了多久它们就会长出新的手脚来呢！

竹节虫是益虫还是害虫？

竹节虫在饮食方面还是比较喜欢清淡的，所以它们总是以吮吸植物为生，绿色食品有益健康嘛！这种饮食方式虽然值得我们学习，但是它们却因此得了个"森林魔鬼"的称号。这是为什么呢？原来它们的繁殖能力非常强，导致数量过多而影响了植物的正常生长。尤其到了繁殖季节，无数的竹节虫会将大批量的树木毁掉，所以在森林里，它们可不是受欢迎的孩子哦！

竹节虫会发彩色的光吗?

其实不是所有的竹节虫都有翅膀,大多数竹节虫都没有长出翅膀。那些长翅膀的竹节虫翅膀的颜色非常的艳丽,这些翅膀可不是用来装扮自己的哦,它们能在敌人侵犯时,闪耀出炫目的光来迷惑对方,并乘机快速逃跑。因为这束光只能停留短暂的时间,它们一落地翅膀就被收起,那道光就消失了。

倒挂在树叶上的 小芝麻——草蛉

春天到了，小草渐渐绿了，树木又长出新的枝叶来。小朋友穿上漂亮的新衣服，跑在草丛边，大树旁。而细心的小朋友这时会发现，在树干上总会有一些奇怪的现象，有一根一根细小的丝线被风吹得飘动着，在这些细线的下面捆着一个个芝麻般大小的东西，而这些东西到底是什么呢？它们又是怎么被挂在这儿的呢？真的很奇怪呢！那就快到下面了解一下吧！

穿着白纱裙的虫虫！

在草丛中，生活着很多捕食性昆虫。有一种常飞于草木间，它们体态中等，细长的绿色身体看起来极为柔弱，其中也有罕见的黄色或灰白色，长着圆圆的复眼，像个金属或铜色的小扣，在两眼间还长出细丝般的触角，一动一动的很是敏感。最漂亮的是它们那对犹如白色带有纹路的纱裙般的翅膀，薄而透明地盖住了全身。这个轻巧的小家伙叫作草蛉！

这些倒挂着的小芝麻是什么呀？

当小朋友看到一个植物的叶子下面倒挂着好多像白色小芝麻一样的东西，会不会觉得奇怪呢？它们是什么呢？其实这些小芝麻可都是些小生命哦，这正是草蛉的卵。

草蛉是怎么产出这么奇特的卵呢？原来草蛉在产卵时，会排出很多胶状的物质，当这些胶状的物质与叶片接触后，草蛉就会一边排卵一边把肚子抬起来，这样一根一根的丝就被拉出来了，当丝遇到空气后会变硬，最终会在丝端结出一粒像小芝麻一样的卵。这些卵便被高高地举起，或者倒挂在树叶下面。看起来就像流星一样，但它们却不会像流星一闪便消失了，它们可是很牢固呢！

天敌找不到我家！

草蛉虽然也是虫虫，但它们却是捕食性昆虫，在草丛中也有着它们自己爱吃的虫虫美餐呢！它们最爱吃的就是蚜虫了，而为了吃到更多的蚜虫，草蛉当然

要很熟悉这些蚜虫的习性才行喽！它们了解蚜虫最爱在什么植物上活动，于是就把自己的卵宝宝产在这个植物叶子的下面。但是，有个叫蚂蚁的小朋友，它们也常爬上来吃掉蚜虫的排泄物，这个小蚂蚁同时还会威胁到草蛉的宝宝呢！这可怎么办呢？别忘了，草蛉的宝宝可是像流星一样长长地倒挂在树叶下面的，这样它们就不用担心被蚂蚁发现啦！

蚜狮是什么？

小朋友不用担心，蚜狮可不是狮子哦！在草蛉还是幼虫时，人们将它们称作蚜狮，而草蛉的一生有着4种不同的形态，分别为卵、幼虫、蛹和成虫。当草蛉还处于卵期和蛹期时，它们都不能吃东西，只有到了幼虫和成虫时期才可以吃东西。而幼小的蚜狮可是个捕食能手呢！它们能捕捉到大量的害虫和害虫的卵，虽然这个时期的它们还没有飞翔的本领，但却能够十分活跃地在植物上爬行着寻找食物。

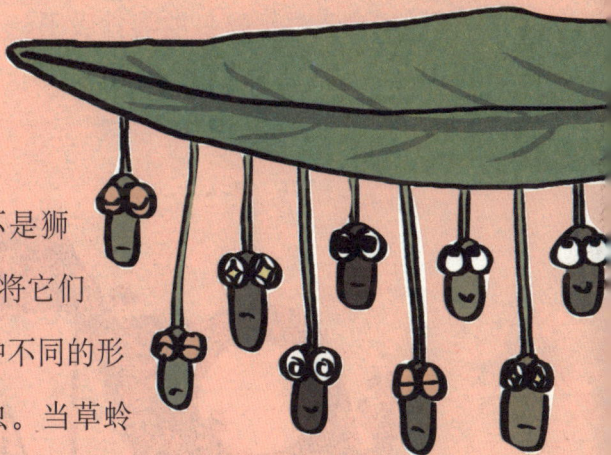

蚜狮是怎样吃掉蚜虫的？

由于蚜狮的食量很大，所以它们也是个勤快的捕猎手，一旦它们发现蚜虫，就会张开上、下颚，低头猛冲过去，然后用下颚把蚜虫夹起，小朋友也许会想，它们的下颚是什么样子的呢？是不是很厉害啊！其实所谓的下颚就是两个中空的大刺，当它们捕到猎物时，就会把猎物高高地夹起来，然后深深地刺到蚜虫的体内，再用它们像吸管一样的捕食工具把蚜虫的液汁吸干，这样这个肥大的蚜虫一下就会变成皱皱的一团了。

趣味问答

草蛉背上背的是什么?

小朋友一定会认为,草蛉捕食完后就会心满意足地离开,去寻找下一个猎物。但是它们似乎不只限于吃饱肚子,我们还发现了一个有趣的现象,当草蛉把这些害虫吃尽吸光后,这些害虫就会变成空空的、皱皱的壳儿,然后草蛉就会很有趣地把它们背在背上,四处行走,好像是在告诉周围所有的伙伴:你们看! 我是消灭害虫的能手! 又有一只害虫被我消灭掉了!

伟大的虫虫
建筑师——白蚁

　　"我爱洗澡皮肤好好，哦哦哦哦；有了便便要及时清掉，哦哦哦哦。"瞧，又有一些爱干净的小家伙在边清洁边哼唱啦！它们最喜欢干干净净了，当家族成员相遇时会行一种特殊的礼，就是彼此清洁，你舔舔我，我舔舔你。这么爱干净的小家伙是谁呢？它们又有什么有趣的事情呢？那我们就快来看一下吧！

这个家族很庞大！

童话故事中经常出现这样的场景：在一个王国里，生活着很多人，它们都有各自的分工，齐心协力共同保卫整个国家。但是在现实的社会中，真的就存在一个童话王国！那里生活着几万甚至几百万的臣民，它们叫作白蚁。在这个王国里，每个臣民都严格忠于自己的本职工作。蚁王和蚁后负责壮大家族。工蚁和兵蚁的工作任务最重，它们要负责寻找食物，喂养小白蚁和保卫家园等。

白蚁是什么样子的呢？

白蚁不喜欢光，常年生活在洞穴里。身体呈软软的椭圆形，因为种类不同，身体的颜色也不同，如白色、黄色和褐色等。目前世界上有2 000多种白蚁，在中国生活的有300余种。这些小白蚁头上还长着一对像念珠一样的触角，时时观察着四周的情况。更神奇的是，它们和普通的蚂蚁不同，因为有些小白蚁竟然长着翅膀哦！虽然翅膀的大小略有不同，但却足够让它感受短时间遨游的快乐！

白蚁的肠道里长了虫虫啊！

如果小朋友总是肚肚疼，那有可能就是肚子里面长了小虫子，这个时候医生就会为我们开消灭虫子的药。但是白蚁却在自己的肠道里养着一些小虫子，这是为什么呢？

原来白蚁是以树木、树叶和菌类为生的，可是小小的白蚁怎么能够消化那么坚硬的木质呢？这就要靠它肠道里寄生的小虫虫了，这种小虫叫做鞭毛虫，它们最爱吃白蚁肠道里

的东西了，这样既让它们解了馋又可以帮助白蚁消化，它俩就成了共同生长的好朋友了！

盖啊盖啊盖房子！

白蚁会选择木质或土地下面作为巢穴。它们分为两类，木栖类更喜欢在树木、木质建筑等地方建巢；土栖类则喜欢在地面下的土里建巢。然而，在白蚁所建的巢中有一种最让人称奇了，这种巢被建在地面上，形成一个高高的塔，被人们称作蚁冢，而它就如同一座碉堡，让人惊叹！

白蚁冢的传奇

　　白蚁冢是非洲和澳洲常见的一种高大的建筑，是当地特有的景观。这个足有6米高的蚁巢，居然是由体长只有10毫米的小白蚁一点儿一点儿搭建起来的，真是让人难以置信！它们的形状有的像

蘑菇，有的像古塔，形状千变万化，但都非常结实，而这座建筑的工程师就是工蚁，它们用自己的唾液及粪便把泥土和木屑混合在一起，建造出坚固的墙体。在内部，蚁王和蚁后会有专用的房间，工蚁则住集体宿舍，另外育婴室、储藏室等也配备齐全，这个高高的堡垒真像个童话世界，让人神往！

趣味问答

白蚁是怎么保护卵的？

通常白蚁中照顾卵宝宝的工作是由工蚁来完成的，但是工蚁的工作好多哦！尤其在它们要建新巢群时，工蚁就没有时间去照顾卵宝宝了，那它们怎么办呢？这时候蚁王、蚁后也不会坐着不管的，它们会主动照顾起卵宝宝来，并把它们衔在口中反复舔吮，然后再吐出来，并且不时为它们换位置，直到巢群安顿好后，工蚁就会把照顾卵宝宝的工作接替回来。

我叫小强，小而强大！哈哈！
——蟑螂

如果我们说谁总是在夜晚活动，最怕见光，小朋友们通常都会想到很坏很坏的事情，比如小偷就不敢在白天光明正大地偷东西。有一种坏虫虫却有着这样的恶习，我们明明知道它们的存在，却总也抓不到它们，它们是谁呢？在下面的故事中我们就会知道！

活动在黑暗中的虫子

有一种奇怪的虫子，它们可以称为这个世界上的"古董"级昆虫了，因为这种昆虫存在的时间最久，而且生命力也非常顽强。它们的名字一提起就会让人头疼，因为很多家庭都讨厌它们，可是想尽办法都不能把它们赶出家门，这种讨厌的虫子就是蟑螂。蟑螂总喜欢在温暖、潮湿的地方生活，它们还喜欢夜晚。每当夜晚来临，当人们都沉沉睡去时，大批量的蟑螂就开始四处活动了。

专搞破坏的坏家伙！

夜晚常常有蟑螂出没的地方一到天亮就会变得很安静，那些蟑螂都去哪儿了呢？它们总喜欢住在阴暗处的家具里、墙壁裂出的缝隙里和一些杂物的堆积处。它们还被人们称作"茶婆子"和"偷油婆"等，这些总在夜里活动的家伙常会搞些破坏，它们不仅偷吃我们的食物，还咬坏我们的衣服，最可恶的是在它们吃过的东西上，还总会留下它们的粪便传播细菌。有它们在的地方总有一种臭臭的味道，原来那是它们身体里分泌出来的液体留下的，做了这么多坏事，难怪白天它们都不敢出来了！

蟑螂是逃跑专家吗？

当我们忍受不了被蟑螂所困扰的生活时，我们就下决心一定要将它们统统抓起来！但是奇怪的是，人们通常很难抓到它们，它们总能很迅速地躲开，一闪就不见了。它们的反应为什么那么快呢？即便我们再小心翼翼地走过去不出一点儿声响也没有用。其实这些都是它们长在身后像木螺钉一样的尾须在告密呢。蟑螂的尾须可以探测到地面和空气中的微小震颤，根据这些震颤它们能够准确地分析出是否有危险，一旦有危险存在，它们就能在千分之一秒内作出反应，迅速逃离，所以人们的速度肯定是抓不到这些小蟑螂的。

敏感的蟑螂也会飞！

蟑螂的身体扁扁的，而且它们的脚能够紧紧地贴着身体，通常它们就是这样躲在小小的缝隙中的，而它们的触角不论什么时候都会像两根天线一样，不时晃动着、观察着四周的状态。遇到危险时，蟑螂不仅能够很快地爬到隐秘处，同时它们还长着四片薄薄的翅膀，在紧急情况下，这四片翅膀也能为它们提供短距离的飞行，这似乎让它们逃跑变得万无一失了。

趣味问答

蟑螂和地震感震仪有什么关系？

中国古代有一项伟大的发明就是张衡的地动仪。但后来，专家又发明出了新一代的地震感震仪，这可有蟑螂的功劳哦！因为蟑螂的尾须能够让它们感觉到微小的震动从而迅速逃跑。专家就对这一点进行研究，发现它们的尾须对地震前的微小变化反应非常灵敏，不仅能感受到震动的大小，还能感觉到震源在哪儿，由此地震感震仪就被发明出来啦！

它为什么吃有毒的东西？——黑脉金斑蝶

我们常说人不可貌相，心里美才是最美的。这句话其实一样可以应用在自然界中。在百花丛中，漂亮的玫瑰会迷惑你的眼睛，却在你很难发现的花根上长满了刺。而喜欢采花粉的蝴蝶中，同样也有一种，它们也拥有着美丽的外表，还有着其他蝶类少有的本领，奇怪的是虫虫的天敌鸟儿却不吃它们，它们是谁？是什么让它们这般独特呢？

我们去找找，一看就知道了！

美丽的蝴蝶

在一片绿草和花丛中，蝴蝶就像个小精灵一样穿梭其间，来去自如。在这一群体中，有一种蝴蝶的体型非常大，在它们美丽的双翼上，布满了黑色的管状血脉，并且在阳光下泛着耀眼的红光。这对美丽双翼的四周被两圈白环包裹着，好似落下的雪花一般，与双翼上的那抹红交相辉映。这种蝶叫作黑脉金斑蝶。

黑脉金斑蝶喜欢长途旅行！

冬天好冷啊！每当冬天来临，外面的花花草草都不再穿着鲜艳的花衣赏，它们要经历一个漫长的冬眠，等到第二年春暖花开时，才苏醒过来。但是黑脉金斑蝶不喜欢看到这样的景象，于是它们决定飞到很远很远的南方，那片土地依然开满了鲜花，绿油油的小草也在随风飘摇。直到春天，这些漂亮的蝴蝶才会飞回北方，而它们能够长途跋涉迁徙的习性在蝴蝶中也是一大本领呢！

生长在马利筋上的美丽

黑脉金斑蝶每年的春、夏季都会繁殖出新的生命，而这些小生命都会被产在一种叫作"马利筋"的植物上，可是黑脉金斑蝶在产下宝宝不久后就会死去。可怜的小蝴蝶失去了妈妈的陪伴，而马利筋却成为养育它们的家，于是世世代代的黑脉金斑蝶都会把自己的卵产在这里。似乎马利筋是自然界为它们派来的又一位母亲，能够带给它们温暖。

美丽是怎样修炼成的？

人们通常都把女孩子比喻成漂亮的蝴蝶，因为小蝴蝶会越长越漂亮，而女孩儿则是女大十八变！那么黑脉金斑蝶独特的美丽是怎样修炼成的呢？当还是幼虫的它们，都需要经过4次的蜕皮过程，这之后的小蝴蝶就会变成长满黑白条的蛹，趴在马利筋上。几个星期之后，蛹会慢慢变得通透，而此时，里面的翅膀就逐渐清晰起来，最后完成了破蛹成蝶的过程，黑脉金斑蝶的美丽就这样经历了漫长的等待，修炼而成了。

原来是美丽的毒虫虫啊！

小鸟是最爱吃虫虫的，但是它们一看到黑脉金斑蝶就会毫无胃口地绕道飞走了，这是怎么回事呢？原来黑脉金斑蝶可是个能让小鸟中毒身亡的毒虫虫呢！我们都喜欢它身上像雪花一样的斑点，但是小鸟却相反，一看到黑脉金斑蝶头、胸部长着的白色斑点图案就能识别出它们是带有毒素的。其实黑脉金斑碟本身是没有毒的，只是它们从小生活在马利筋上，而马利筋正是有毒的植物。从小以吮吸这种毒毒的叶汁为生，黑脉金斑蝶为了不让自己吸收太多毒素，所以把这些毒素很好地储藏在身体里，这些毒素就会慢慢地在外表体现出来。这恰恰成了它们保护自己的方法。时间一久，它们自身抗毒的能力也加大了，这样自身的毒性越来越大，却不会让它们自己受到毒性的影响。

黑脉金斑蝶怎么分辨时间和方向呢？

在黑脉金斑蝶的体内，还有一个宝贝哦！当冷冷的冬天到来时，黑脉金斑蝶就会飞往南方去过冬，但是它们怎么才能准确地知道时间和迁徙地的方向呢？原来它们的体内有一个"时钟"，这就是生物钟，它可以帮助黑脉金斑蝶知道准确的时间。黑脉金斑碟还能像鸟儿一样，利用太阳来确定它们前进的方向，一路寻找它们的迁徙地。

会造纸的
杀人蜂——胡蜂

中国古代有四大发明，其中一项就是造纸术，这些发明可都是中国人的骄傲！但后来人们发现，有一种蜂它竟然也会造纸，真有这么神奇的事情吗？不仅如此，据说很久

以前它们的祖先就已经在地球上生活了。它们到底是谁？我们赶快去看看吧！

这种蜂长什么样子呢？

在自然界中，有一种蜂不吃蜂蜜，属于捕食性蜂类，这种蜂的名字叫作胡蜂。胡蜂还有另外一个名字叫作黄蜂，因为它们的身体是由黑、黄、棕三色组成，更多的以黄色为主，或为单一黄色。成年的胡蜂有着坚厚的体壁，看起来十分光滑。它们在这个世界上大约有5 000多种，而在中国生活的胡蜂有200种。胡蜂可不简单，它的本领可多呢！

啊！胡蜂会杀人啊！

胡蜂还有个可怕的名字叫作"杀人蜂"，这是怎么回事呢？原来是雌胡蜂藏了秘密的武器呢！它们的武器就是藏在腹部末端的毒针。这根毒针是由产卵器形成的，叫作螫针，螫针连着胡

蜂体内的毒囊，而毒囊分泌出的液体有着很强的毒性。当有人不幸被胡蜂蜇到了，它们就会把这种毒液注射到人们的皮肤内，但是它们不会把螫针留下哦！因此，人们就给它们起了这个恐怖的名字"杀人蜂"。

嗯，住在家里最舒服！

小朋友都很爱自己的家，因为家里有自己亲爱的爸爸和妈妈，住在家里最舒服了！胡蜂也和小朋友们一样喜欢它们自己的家。只有一种蜾蠃科的胡蜂，它们没有自己的家，是个四处流浪的孩子。其他种类的胡蜂一生都会住在自己的家里，在这个家族中有蜂

后、工蜂和雄蜂，它们最喜欢这样
热闹的家庭生活了！

胡蜂的爸爸哪儿去了？

　　小朋友都有爸爸妈妈的陪伴，可是小胡
蜂却找不到自己的爸爸了，它们的爸爸哪儿去了呢？原来蜂后是在前一
年秋后和雄蜂交配孕育小胡蜂的，蜂后会把精子储存在储精囊中，分次
使用。可是雄蜂却会在交配不久后就死去了，所以在小胡蜂出生前爸爸
就已经不在了，这也是胡蜂家族的一种自然规律所致。

它们为什么不敢离家很远？

　　如果小朋友要去远的地方一定要让爸
爸妈妈陪在身边，即便我们能找到回家的
路，可是也要防止坏人来伤害我们，所以
我们不能自己四处乱走。可是胡蜂为什么也不敢
离开家很远呢？它们也怕有坏
人吗？其实是因为它们只能辨
认500米以内的方向，如果
它们去了离家500米以外的地方，
它们就再也找不到家了，所以胡

蜂一生都不会出远门的！

胡蜂是造纸专家啊！

　　胡蜂通常会把自己的家建在树权上。它们的巢结构非常复杂，而且形态各异，有的巢会被建得极大，面积竟然可以达到2平方米。更奇怪的是，这个大房子竟然是用纸建造的！胡蜂是怎么弄来的纸呢？原来它们是天生的造纸专家，它们会在树上刮下木纤维，再掺入唾液进行搅拌，直到一个糊状小团的出现，纸就造好了。人们发现这个过程像极了人类的造纸程序，胡蜂的这个本领真是让人称赞！而它们也依赖这些纸，建造出漂亮舒适的房子！

死了四千万年的胡蜂又活了吗？

在波罗的海沿岸的森林里，人们发现了一个四千万年前的胡蜂琥珀，当科学家剖开琥珀取出小胡蜂时，发现它竟然一点儿都没有腐烂，就像刚刚死去一样。更为震惊的是，科学家从小胡蜂的腹部切下一个薄片用显微镜观察，发现竟然还有活着的细胞，这让科学家们兴奋不已。他们正在准备把古老胡蜂的基因移植到现代胡蜂的基因上，这样四千万年前的胡蜂就有望复活啦！

"知—了—", 吵死啦——蝉

"今天天气好！我大声地唱歌谣！"哎！这么热的天还要听着外面的吵闹声，真是烦死人了！这是谁家不听话的坏小孩儿在吵人呢？这个

小孩儿可是生活在树上的哦！它们总是喜欢很多小朋友一起唱歌，天气越热它们唱歌的情绪越高涨，是它们喜欢夏天吗？嗯，这就要去问问它们才能知道了，那么现在就去揭晓答案吧！

吵人的家伙你是谁?

闷热的夏天来了，这个时候总会让人们打不起精神来，人们都喜欢在这个季节躲在开着空调的房间里不愿出去。但是好奇怪呀！窗外却总有很多不怕热的家伙，越闷越热的天气，它们就会越大声地叫！它们是谁呢？这种小虫子叫作蝉，它们有个奇怪的现象，就是总会在闷热的天气起劲儿地叫，待到凉风吹过，又会立刻变得沉默了。因为它们总是发出"知了——知了"的声音，所以又被人们称作"知了"。

蝉为什么要那么大声地叫?

炽热的太阳真是让人不舒服，尤其走在外面还会听到很多很多的蝉通力合作一起叫，真是吵死人了！它们怎么了？是不是太热了？其实这种叫声是蝉在它们的小世界里比美的歌声呢！原来只有雄蝉才会叫哦，它们通过这种方式来吸引雌蝉的注意，谁叫的声音越响亮，它们吸引雌蝉的机会就会越大，所以这个时候的雄蝉们就会十分卖力地叫，为它们的小生活演奏一曲有点儿吵人的"婚礼奏鸣曲"。

这个声音不简单!

外面的声音好吵啊！离得那么远都要震得捂住耳朵了，蝉这样叫不会喊破嗓子吗？原来蝉是没有声带的，它们的声音是通过腹部两侧的弹性薄膜发出的，这个薄膜里是不是藏着什么东西呢？其实它们只是空空的一层，但却是神奇的天然扩音器。每当雄蝉在唱歌吸引雌蝉的时候，它们的肌肉就会拼命地扯动薄膜发出颤动的声音。这种声音其实不大，但是在经过扩音器之后，这些微小的声音就会变得嘹亮了。

蝉的寿命有多长?

闷热的季节仅仅持续一个月的时间。当天气变得凉爽后，小朋友都会很喜欢这样的天气，但是那些蝉却安静了，它们去了哪里呢？原来蝉是在用尽它们生命的余晖去奋力歌唱的，当这一个月的时间过去以后，蝉就会随着闷热的天气一起消失。它们的寿命真的那么短暂吗？其实蝉在昆虫中算是很长寿的了，但是它们从一出生就要过着"地下工作者"的生活。在蝉妈妈把它们产在树枝上以后，它们会慢慢地孵化成幼虫掉到地上，然后它们就会本能地钻进土里，开始漫长的生长过程，而这个过程大约需要2至6年的时间呢！在黑黑的地下待过多年后，却只有一个月的时间与阳光接触，我想它们也会留恋这一片光明的世界而竭尽全力地歌唱吧。

趣味问答

蝉为什么要做"地下工作者"呢？

听说蝉要在黑黑的地下生活那么多年，突然就不觉得它们是很吵人的虫虫了，倒觉得它们是个可怜虫。其实蝉生活在地下也是因生活所需，躲在土里更有利于幼虫的成长。因为土里非常暖和，水分也充足，这两点足以保证幼虫的身体健壮了。并且这里没有天敌的攻击，它们可以安心地吮吸着树根的汁液，过着无忧无虑的童年生活。

毒毒的虫虫
不好惹！——蝎子

　　在动画片中，一只毒毒的虫子往往都会扮演着坏蛋的角色！小朋友们都不喜欢它，可是在现实生活中就生活着这么一只可怕的虫虫，小朋友能猜到它是谁吗？这个毒虫虫生活在哪儿呢？它是不是很厉害？让我们马上来了解一下吧！

好可怕的毒虫子！

　　如果小朋友行走于森林、草原或是沙漠等地区，那就要非常小心了，因为有一种毒毒的虫虫也最喜欢穿梭在这些地方。它们就是可怕的蝎子！蝎子其实也有自己辉煌的历史，因为它们的祖先可是巨水蝎，有两米以上的长度呢！但现在它们的家族败落了，一般能见到的蝎子只有10厘米左右了，可是它们依然是身藏毒针的小家伙，小朋友可要远离它们哦！

小心它的毒针哦！

　　蝎子总是让小朋友联想到恐怖的事情，它们就像个大怪兽一样让人不喜欢！其实可怕的不是它们的长相，而是藏在它们身后的毒针。

　　蝎子的躯干由一环一环的节组成，而那根毒毒的针就藏在身体最后一节的末尾，可以在危险的

时刻保护自己。它有一条毒腺专门用来收藏毒汁。当它们捕食动物时毒针就会刺进动物的身体，让动物的神经麻痹而死。

这根毒针叫作螯针，螯针的本领可大呢！不仅能为蝎子捕食，同时还可以通过感知轻微的震动来为蝎子探知周边情况，时刻观察是否有敌情存在。

蝎子的钳子能闻气味吗？

在看蝎子的图片时，小朋友都会注意到它挥舞着的大钳子，似乎时刻在说：你别看我小，我可是很厉害的！虽然这对大钳子并没有螯针那么厉害，但是对于蝎子来说，它也起着非常重要的作用。这对钳子的身上长着细小的触须，可不要小看它们，它们能够帮助蝎子探知身边细微的变化，蝎子可以通过它来猎杀空中的小型飞虫。不仅如此，这对钳子最厉害的地方是，它能够闻到猎物的味道，这让视力不好的蝎子在离猎物十几厘米远的地方就能感觉到猎物的存在。看，这个大钳子很了不起吧！

蝎子也会口渴吗？

蝎子可是个不爱喝水的孩子，小朋友可不要学它哦！因为蝎子有自己独特的吸收水分的方法，它们不仅可以通过吃捕获的食物来获取大量的水分，同时它们自身就有着吸收外界水分的本领呢！它们的皮肤就像个天然的吸水器，能够随时吸收土壤和空气中的水分，只要环境中的温度正常，而且食物充足，蝎子就不需要喝水了。但也有特殊的时候，在非常干燥的季节，蝎子也会四处寻找水源来解渴的！

趣味问答

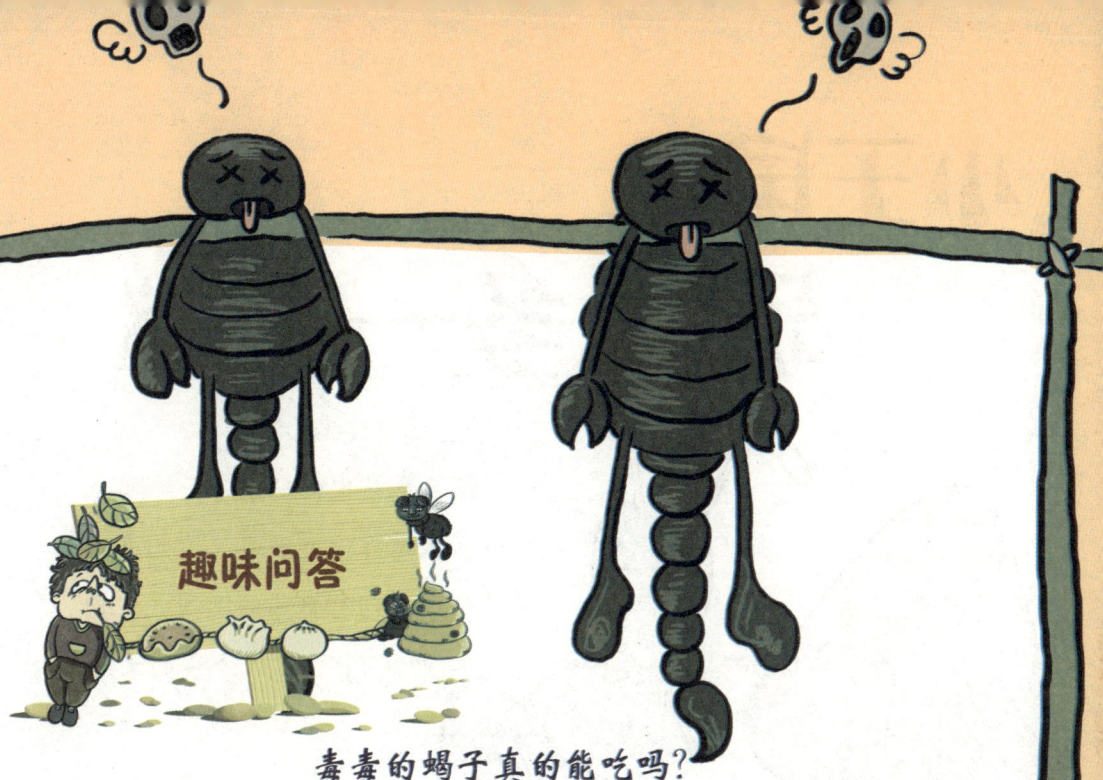

毒毒的蝎子真的能吃吗？

虽然蝎子被称之为"五毒"之一，但在很多地方它们可是极受欢迎的美味哦！在中国山东的潍坊地区，一道香油炸蝎子集香、酥、脆于一身，凡是吃过这道美味的人都对其赞不绝口，就连远在海外的朋友也经受不住这种美味的诱惑。其实蝎子不仅能被做成香酥可口的美食，它的毒同时还可以治病呢。只是小朋友要远离它哦，这个毒毒的虫虫可是不好惹的！不过这样的美食不知道小朋友敢不敢尝一尝呢？

小王国里
乐趣多——蚂蚁

在自然界中，似乎每一个角落都生活着这样一类朋友，它们喜欢群居生活，拥有自己的王国。它们的王国可是个繁杂的大城市，而且就在我们的脚下哦！在这个大城市里面有

着很多很多的乐趣，而且成员之间都相互爱护，相互帮助，它们不喜欢吵架，甚至可以用自己的生命来保卫这个可爱的大家庭！它们是谁呢？我们去看看就会知道啦！

传说中的"说客"是谁呢?

这些小家伙就生活在我们的脚下，它们的数量非常多，一不留神就会被踩到哦！这些小家伙就是我们熟知的蚂蚁。蚂蚁王国是个热爱和平不搞分裂的大国，在这个王国里人人平等，从来没有谁受到排挤。就连尊贵的女王陛下也只是起着繁衍后代的作用，它们都互相尊重，因为在这里没有谁的职责是被看作无用的。这些小蚂蚁都有一个嗜好，那就是"说服"其他的蚂蚁。当它们发现了一个有着丰富食物的地方，就会和同伴商量"迁

都"的问题。因此它们必须有足够的证据和极
具说服力的口才，否则，只靠它们自己是不可能
重新挖建新居的，而且它们也离不开这个团队。

它们是怎样交流的？

我们人类用语言表达感情，每个国家都有自己的语言。那么小蚂蚁
也会说话吗？其实它们是不会发声的，但是这并不妨碍它们彼此交流。

因为每个蚂蚁的头上都有两根"电线"，每根"电线"虽然十分细小，但也是由11个节组成的呢！而且蚂蚁们也是通过这两根"电线"来接收信号的。当你看到它们相互碰触"电线"时，就说明它们在讲让你听不到的悄悄话哦！这可是属于蚂蚁王国的独家语言呢，它们就是这样传递各种信息的。

乐于助人的好孩子！

蚂蚁们有着与生俱来的、乐于助人的精神！在它们特殊的身体结构中，还长着一个可以储存多余食物的胃，当它们遇到饥饿的伙伴时，就会毫不犹豫地把这些食物奉献出来，即便它们并不认识。不仅如

此，如果它们的团体受到危害的话，它们甚至可以舍弃自己的生命来全力保护呢！你看，这些蚂蚁并不用言传身教，它们乐于助人的精神却会感染每一个成员，让这个大家庭永远和谐！

蚂蚁还有哪些有趣的事？

如果到了一个陌生的环境，小朋友们还能够认得清路吗？这对我们来说是非常难的事情。而对于小小的蚂蚁，几百米以外的地方已经算是很遥远的距离了，但是它们却不会因此而迷路，它们可以依靠气味儿寻找回家的路。更有趣的是，蚂蚁还有着识别颜色和记忆的本领。在蚂蚁的世界里，还有这样一个奇特的现象，当一只蚂蚁死后，会有"送葬人"把它们抬到距蚁窝不远的墓地，在那里它们也会挖一个小坑，把死者埋在里面。看，在蚂蚁的王国丰富有趣的事不少吧！

它们为什么还帮助坏人？

当我们简单地了解了一些蚂蚁的生活习性后，都会对小蚂蚁多几分敬仰，但是它们为什么又要帮助坏人呢？蚜虫是啃食农作物的坏孩子，但这个坏孩子却受到了我们的好孩子蚂蚁朋友的保护。如果蚜虫遭遇天敌的攻击，蚂蚁就会奋力帮助蚜虫把天敌赶走；当弱小的蚜虫被大风吹到地上时，蚂蚁还会像守护自己的宝宝一样，把它们叼回到植物的茎

叶上；如果蚜虫的身体生病了，蚂蚁还会把它带回巢穴中，将它养好再送回植物上。

这是不是很奇怪呢？原来它们之间是一种互利的关系。因为蚜虫在吸食植物的汁液时，不仅滋养了自己，同时还能排出一种透明的黏糊糊的东西，这种东西含有大量的糖，被人们称作蜜露。这种蜜露可是蚂蚁们最最喜欢的美味了！所以它们一定要保护好蚜虫，这可是为它们提供食物的大厨啊！

小蚂蚁★智慧

可别小看了这些蚂蚁哦！它们虽然小，但是却十分聪明，它们不仅会全心全意地保护蚜虫，还会充当蚜虫的按摩师呢！这么好的待遇？这是因为蚜虫接受蚂蚁的按摩后就会增加分泌蜜露的数量，小蚂蚁就可以把这些蜜露搬回巢穴中贮存起来。这在我们人类研究的生物学上，被称为"共生现象"哦！

蚂蚁也有"开心牧场"吗？

蚂蚁的小生活里面，乐趣可多了呢！
小朋友们知道吗？蚂蚁也有自己的牧场哦，
被它们养起来的，就是那些坏坏的蚜虫，它们
会把蚜虫关起来，用很多枝条和黏土垒成土坝，
然后会有专门的蚂蚁来看守，以防外面的蚂蚁来抢
夺。当这个牧场拥有太多的蚜虫而变得拥挤时，它们
还会把部分蚜虫迁移到新的地方，把蚜虫的卵保存在巢
穴里，像对自己的宝宝一样，悉心地把蚜虫孵化出来。

春天时，蚜虫还会
被送回嫩枝上
去生活，你看这些
蚜虫是不是很幸福呢？